世界CG艺术经典

Photoshop
游戏动漫科幻设计手绘教程

英国 3dtotal 出版社 著　　　　　　　杨雪果 车晶 许易颖 译

电子工业出版社
Publishing House of Electronics Industry
北京·BEIJING

Simplified Chinese translation rights arranged with 3dtotal.com Ltd
Through Chinese Connection Agency
All rights reserved. No part of this book can be reproduced in any form or by any means, without the prior written consent of the publisher. All artwork, unless stated otherwise, is copyright©2016 3dtotal Publishing or the featured artists. All artwork that is not copyright of 3dtotal Publishing or the featured artists is marked accordingly.

本书英文版的简体中文翻译版权由 3dtotal.com Ltd 通过姚氏顾问社版权代理公司授予电子工业出版社。版权所有，未经出版方事先书面同意，不得以任何形式或任何方式复制本书的任何部分。除另有说明之外，所有艺术作品的版权归 ©2016 3dtotal Publishing 或特邀艺术家所有。所有版权不属于 3dtotal Publishing 或特邀艺术家的艺术作品都有版权说明。

版权贸易合同登记号 图字：01-2020-2316

图书在版编目（CIP）数据

Photoshop 游戏动漫科幻设计手绘教程 / 英国 3dtotal 出版社著；杨雪果，车晶，许易颖译. -- 北京：电子工业出版社，2022.4
（世界 CG 艺术经典）
书名原文：Beginner's Guide to Digital Painting in Photoshop: Sci-fi and Fantasy
ISBN 978-7-121-42686-5

Ⅰ. ①P… Ⅱ. ①英… ②杨… ③车… ④许… Ⅲ. ①图像处理软件 – 教材 Ⅳ. ① TP391.413

中国版本图书馆 CIP 数据核字 (2022) 第 008133 号

责任编辑：张艳芳
印　　刷：北京瑞禾彩色印刷有限公司
装　　订：北京瑞禾彩色印刷有限公司
出版发行：电子工业出版社
　　　　　北京市海淀区万寿路173信箱　　邮编：100036
开　　本：787×1092　　1/16　　印张：13.5　　字数：423.36 千字
版　　次：2022年4月第1版
印　　次：2022年4月第1次印刷
定　　价：108.00 元

凡所购买电子工业出版社图书有缺损问题，请向购买书店调换。若书店售缺，请与本社发行部联系，联系及邮购电话：(010) 88254888，88258888。
质量投诉请发邮件至 zlts@phei.com.cn，盗版侵权举报请发邮件至 dbqq@phei.com.cn。
本书咨询联系方式：(010) 88254161 ~ 88254167转1897。

目　录

引言	6
Photoshop简介	9
工作界面和画布	10
艺术基础	21
动态构图	22
玩转构图	30
如何调色	40
控制光线	48
快捷提示	57
弓箭	58
匕首	59
科幻手枪	60
犄角	61
外星语言	62
烟迹	63
精灵特征	64
外星人特征	65
水下效果	66
魔法火焰	67
彩色烟雾	68
全息图	69
魔杖	70
超级激光	71
传送门	72
奇幻翅膀	73
机器人伤口	74
闪亮的盾牌	75
魔法药水	76
通信装置	77
盔甲头盔	78
华丽的盾牌	79
人体艺术	80
科幻飞行器	81
电线	82
假肢	83
角色部分	85
精灵战士	86
巨大的怪物	94
戴机器人假臂的人	100
邪恶的角色	108
水生生物	116
贵族女性角色	124
当史前遇上科幻	132
场景	143
都市	144
外星虹	156
太空车	164
以树木能量作为能源的发电机	170
脏脏的机器人	178
废弃的战争机器	186
佳作赏析	193
术语表	214
概念绘画艺术家	215

引 言

Adobe Photoshop 是一个适用面很广的基础软件，其强大的功能让使用者可快速地尝试不同的风格、工具和技术，最终形成自己的艺术风格。

科幻世界天马行空、无所不能，塑造自己想象的世界是艺术家最愉快的经历之一。虽然幻想离不开现实，科幻世界是超现实的世界，但这两种风格都能让你完全沉浸在对新世界的探索中。

正因为有这样的探索和实验，所以科幻艺术成了概念艺术中最受欢迎的类型。"科幻概念+Photoshop"为艺术家提供了创建非人类角色及未知的宇宙、发明奇怪的装置和释放创造力的机会。

你可以从小说、电影、游戏、音乐中寻找灵感，但是如何去实现呢？我们聚集了一系列顶级的艺术家来分享他们的专业知识。

在本书中，你可以从专业的数字艺术家那里找到详细的入门指南，如怎样使用 Photoshop 的工具和技巧，以及创作建议。即使你从未接触过 Photoshop，也可以从专业的概念艺术家和插画师维克多·莫斯科拉的经验中学会如何使用 Photoshop 的基础工具。书中还介绍了创建优秀作品的关键元素：构图、透视图、灯光和色彩。

本书针对 Photoshop 软件操作方法，以 "+" 表示组合快捷键，如（ctrl+s）表示按 ctrl+s 快捷键；以 ">" 表示选择菜单或选项，如单击【图层】>【拼合图像】菜单。

随着学习的深入，你可以跟着教程练习学过的相关知识和技能。本书是一本很实用的教程，希望你能读懂它，并使用书中的知识和技巧创作出满意的作品。

安妮·莫斯
3dtotal 出版社

Photoshop 简介

学会设置画布并找到 Photoshop 的常用工具。

初学者往往因为不知道怎么使用工具，在学习软件的过程中碰到许多困难，进而变得沮丧。在本章中，维克多·莫斯科拉 (Victor Mosquera) 循序渐进地讲解了画布设置，常用的工具、功能和设置，创作时如何管理 Photoshop 面板和工具，以及如何专业地完善画面。

工作界面和画布

Photoshop 的工作界面介绍和画布设置

维克多·莫斯科拉

Photoshop 是当今绘画设计专业人士使用的主要工具之一，也是我知道的最强大的工具之一。在这个部分，我将讲解 Photoshop 的一些基本概念和基础知识，以及使用 Photoshop 的一些方法，帮助你更好地使用它。但最重要的，还是需要你亲自去尝试。

我使用 Photoshop 已经十多年了，有足够的经验让它能为我所用。多年来我不断地进行实验，学习了数以万计的教程，并从艺术家朋友那里习得一些技巧。然而当我最近新学了一种设置方式后，才意识到我每天看见的那个按钮是用来干什么的。

出于这个原因，我希望即使你已经能熟练使用它，仍然要继续学习、不断尝试不同的按钮和设置（见图 01）。试着单击每个按钮，看看它具体是做什么的。一段时间之后，这些知识碎片将会被串联起来，使你更了解这个软件（这也同样适用于探索传统的绘画工具）。

Step 01
画布设置

在讲解工作界面和工具之前，

▲ 新建一个满足需求的画布

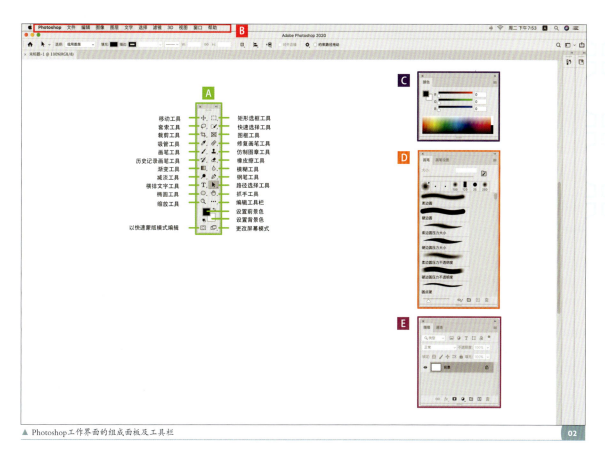

▲ Photoshop工作界面的组成面板及工具栏

请新建一个画布,以便在我讲解的同时试用这些工具。在 Photoshop 中,单击【文件】>【新建】菜单,打开【新建文档】面板,在【文档类型】选项下,Photoshop 提供了一些规格不同但尺寸固定的模板。你还可以根据需求创建画布,只需要输入你认为最合适的画布尺寸即可。例如,创建一个宽画布来绘制场景,或者创建一个长画布来绘制肖像。不论什么尺寸的画布,都没有固定的规则。Photoshop 的度量单位可以改为英寸、厘米或者其他单位。当一个客户要求你为已经设计好的出版物绘制一个特定尺寸的画作时,这很有帮助。

准备开始创作时新建画布最重要的是设置分辨率,在设置分辨率之前,先确定作品是要在线查看还是打印。如果只在屏幕上展示,分辨率通常会设置成 72 像素 / 英寸(dpi),如果你想要打印,那你的作品需要足够高的分辨率才能获得更好的打印效果。300 像素 / 英寸(dpi)是打印图片常见的分辨率设置,可以使用这个数值作为起始值。但是分辨率的设置不仅仅是这些,所以我希望你尝试使用不同的分辨率打印作品,看看在不同分辨率下会发生什么,这样就可以决定哪种分辨率最适合你想要的效果。

Step 02
工具栏

从画家的角度可以把界面分成几个部分。在图 02 中,我用彩色方块标出了界面的主要部分:A. 工具栏;B. 菜单栏;C.【颜色】面板;D.【画笔】面板;E.【图层】面板。如果你以前学的是传统绘画,我建议你把 Photoshop 看作一个存放颜料和画笔的工具箱。

我将从工具栏开始讲解。所有的画笔工具、选择工具、橡皮擦和涂抹工具,任何一种可能用到的工具都在工具栏中。将鼠标悬停在每一个工具上就可以看到它们的名字。用鼠标右键单击工具可以查看工具选项;例如,右击【模糊】工具会出现一个包含【模糊】工具、【锐化】工具和【涂抹】工具的选项组。

在下一章中,我会讲解我最常用的工具,以及 Photoshop 中一些可以让你直接获得灵感的工具。请试用每个工具,看看它们能做什么,并找出最能帮助你创作的工具。

▲ 在菜单栏中可以找到打开和保存等基本功能

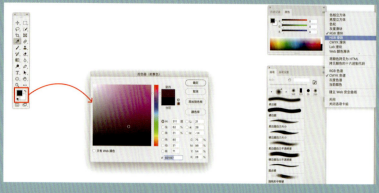

▲【颜色】面板和【工具】面板都可以更改图像的色调、饱和度和亮度

Step 03
菜单栏

接下来是 B 部分菜单栏（见图03）。在这里可以看到 Photoshop 的基本功能，如创建新文件、创建图层、编辑、选择等。通过【窗口】菜单可以管理面板，还可以添加面板，如可以控制画笔和图层的面板（见图02中的D和E)，并可随意排列。在面板上查看面板标签，找到需要的工具面板，可以把工具面板拖动到工作区的任何位置。

在菜单栏上我主要使用的是【文件】菜单，用于新建文档、打开最近使用的文档和保存。我还经常使用【图像】>【图像大小】菜单，当你想要调整图像大小的时候这个功能非常有用。这一部分很简单，因为这与大多数软件的布局相同。再说一遍，请试用每个功能，看看它们都能做什么。

在 Photoshop 的菜单栏中有些菜单我从未使用过，因为它们包含我经常使用的功能，所以不用每次去单击它，只需要使用快捷键即可。如果想熟练地使用 Photoshop，快捷键是学习的主要内容之一。使用快捷键会让你更加高效和快速地完成工作。Photoshop 预设了基本功能的快捷

✱ 专业提示
自定义快捷方式

快捷方式是优化工作流程的最佳工具，使用Photoshop一段时间后，你可以给常用的功能设置快捷方式，单击【编辑】>【键盘快捷键】菜单，然后键入任意组合键将快捷方式指定给特定功能，之后便可使用此快捷方式使用该功能。

在创建自定义快捷方式时，请花点时间考虑一下你最常使用的Photoshop中的哪些功能。然后找出正在绘画时你可以轻松按下的按键组合。找到了你使用最频繁的键后，就可以创建自己的快捷方式。

键组合，如保存（Ctrl+S）和自由变换（Ctrl+T）。建议打开菜单栏上的每个选项，查看其快捷方式（你可以在菜单栏的下拉菜单的每个选项的右侧看见这些快捷方式）。

Step 04
【颜色】面板

【颜色】面板很简单（见图04），但也是创作过程的关键。在屏幕的右上角可以看到【颜色】面板，如果没看到，请确保在【窗口】下拉菜单中勾选了【颜色】选项。

单击面板右上角的选项卡，可以将面板设置更改为不同的选项，如 RGB 或 CMYK。RGB 代表红色、绿色、蓝色，CMYK 代表用于打印的颜色：青色、品红色、黄色以及黑色。我总是将面板设置为HSB 滑块（色调/饱和度/明度）。因为这些实际上是画家所使用的术语，从

绘画的角度来看，这更容易理解。

如果返回到【工具】面板并单击底部的彩色方块，将会打开【拾色器】面板，在这可以选择其他不同的颜色。我常使用它，因为它更像是传统绘画的调色盘。它的功能和 HSB 滑块相同，但布局不同。你可以上下拖曳鼠标改变明度，或者左右滑动鼠标来改变饱和度。在【拾色器】的右边有一个长条矩形，用鼠标上下拖曳并单击可以改变色调。在第 42-43 页有更详细的关于颜色使用的介绍。

Step 05
【画笔设置】面板

当你第一次打开 Photoshop 时，它看起来可能和我所展示的不同，因为我对工作区的面板进行了调整，我喜欢把【画笔设置】面板放在【颜色】面板下面，以改进工作流程。

使用【画笔】面板是挑选画笔最简单的方法。在【工具】面板选择【画笔】或【橡皮擦】工具后，选择不同的画笔可以获得不同的效果和纹理。Photoshop 的画笔是模仿传统画笔创建的，所以它可以模仿粉笔、丙烯、油画和各种材质（见图 05a）。你还可以调整画笔来绘制你想创作的任何作品，了解有关更改画笔设置的更多信息，请看第 151 页。在第 151 页可以学习如何创建自定义画笔。

我从网上下载了很多画笔。如果想要在 Photoshop 中加载画笔，请单击【画笔】面板右上角的折叠菜单图标，然后单击【导入画笔】菜单（见图 05b）。通过下载、购买等方式积累一段时间之后，你可以收集到大量的画笔，然后留下其中你使用的最多的部分。

Step 06
【图层】面板

了解【图层】面板是一件很重要的事，可以让工作流程变得更加顺畅。【图层】面板使用起来并不难，关键是使用它的方法。新建一个图层，就像是在画面上新建了一个透明画布。你可以根据需要新建任意数量的图层，并且修改其属性以获得不同效果。这就是 Photoshop 强大的原因之一。新建多个图层后，可以在【图层】面板中拖动这些图层来改变它们的顺序。

你可以在新建图层上尝试新的事情，而不会损坏你的原作。你还可以更改它们的图层样式，并将其绘制到图层中以获得不同的效果。想要查看所有的混合模式，可以单击 Photoshop 中新图层的图层混合模式下拉菜单中的【正常】（见图 06a），这是新图层默认的混合模式，单击后

▲ Photoshop 画笔预设是模仿传统绘画材料的 `05a`

会出现许多选项。在 Photoshop 中打开自己的作品或者照片，可以更好地了解如何使用不同的模式。在图像的顶部添加一个新图层，可使用这两个功能进行试验，向下滚动鼠标，选择不同的混合模式，查看它们对图像会产生什么影响。

图层混合模式没有硬性标准，学习它最好的方式是不断尝试，在错误中吸取经验。当创建一幅作品时，要知道你想要达到什么效果，然后改变混合模式，直到找到最适合的。记住，这些图层的不透明度

▲ 使用新建图层尝试不同的混合模式 `06a`

▲ 尝试不同的画笔，找到最适合你当前作品的画笔 `05b`

是可以更改的（见图 06a 中图层混合模式下拉菜单右侧的【不透明度】选项），这意味着可以修改图层混合模式对图像的影响。

最后一个我常使用的功能是【图层】面板底部的小图标（见图 06b）。将光标停留在图标顶部，将会显示图标的标签，你可以利用图标快速创建一个新的图层或者删除它。我 90% 的创作时间使用的是【添加蒙版】和【创建新的填充或调整图层】两个工具，你可以在下一章中了解更多相关信息。

▲ 将光标悬停在底部的小图标上就能看见它们的功能 `06b`

工作界面和画布　13

画笔、工具、设置

重要的画笔、工具和设置

维克多·莫斯科拉

Photoshop 软件一直在发展更新，这就是为什么我一直坚持要花时间进行探索和试验的原因。但是通过到现在为止你所看到的基础面板和设置，你应该可以理解别人是怎么用 Photoshop 作画的了。在这一节中，我们将介绍一些在绘画时可以使用的特殊工具和画笔。

Step 01
图层蒙版

如果你是一个传统的画家，或者在你作画时会使用遮蔽胶带或液体，那么你应该很熟悉图层蒙版的概念。图层蒙版链接到特定图层，这意味着它们只影响带有蒙版的图层内容。在绘制或者添加纹理到一个图层，而这个图层的某些部分你又不希望看到这些图案或纹理时，你便可以使用图层蒙版。

使用图层蒙版而不使用【橡皮擦】工具的好处是，在后期的绘制中，你可能会再次需要之前遮盖掉的部分，通过调整蒙版，可以显示更多你需要的部分，但如果删除了它，你就做不到了。

若要给某一个图层添加蒙版，请首先选择需要添加蒙版的图层，然后单击【图层】面板底部外面是矩形里面是圆形的小图标，这将在选中图层的右侧创建一个白色矩形蒙版，单击这个白色矩形并在画布上将其部分涂成黑色，这会隐藏黑色覆盖的部分，如图 01 所示。如果在之后，你又想显示这一层的某些部分，可以单击蒙版，用白色绘制该区域使其显现即可。

在蒙版中用黑色或白色绘制，可以隐藏图层画面也可以使其重新出现。而且还可以在蒙版中使用具有不同色调的颜色。这让图层蒙版成为一个令人难以置信的多功能工具，具有许多实际应用功能。在图 01 中，你可以看到我是如何隐藏球体的各个部分的。

▲ 图层蒙版允许修改图像的某些区域的透明度

Step 02
调整

调整功能在编辑图像时是一个非常重要的工具。如果你已经开始绘制，但需要编辑画面的某些方面，可以在【图像】>【调整】菜单下选择相应的功能，你也可以单击位于【图层】面板底部的半黑半白的圆形图标新建调整。选择你想要调整的类型，拖动不同的调整面板的滑块获得预期效果。

Photoshop 里调整的类型有很多，如：色阶、色彩平衡、亮度/对比度、曲线、渐变映射等（见图02），试一下这些功能吧。在这些功能里我用得最多的是色阶，色阶可以确定一幅作品的光影关系（第40页有相关的介绍）。色彩平衡可以快速地修正画面色彩；色相/饱和度，顾名思义，可以用面板中的【色相】【饱和度】【明度】滑块调整图像的任意部分。在调整时没有规则，你需要做的只是花点时间去看画面哪里最需要调整。一般来说，调整能有效地解决问题，但你需要发现问题所在，然后找到可以帮助解决问题的工具。在本书的教程中，你可以通过案例，学习在不同情况下该如何使用调整工具。

Step 03
开始绘画

为了向你介绍一些在使用 Photoshop 绘制时的常用工具，我将使用到目前为止提到的所有工具和一些新的工具创建新图像，并在创作过程中讲解这些工具。我新建了一个 2828 像素 × 4000 像素的画布，选择这些设置是因为这件作品是专门为出版物绘制的。我把分辨率设置为 300 像素/英寸（dpi）是因为只有足够高的分辨率，打印后的作品才不会丢失细节。

接下来，我从画笔里选择了一个带有纹理的基本画笔，并用蓝色调和粉色调填满白色的画布（见图03）。纹理画笔是由不规则图形组成的画笔，不是固定的。

Step 04
笔触

为了更好地表达我的想法，我用硬边画笔画了一些看起来很有趣

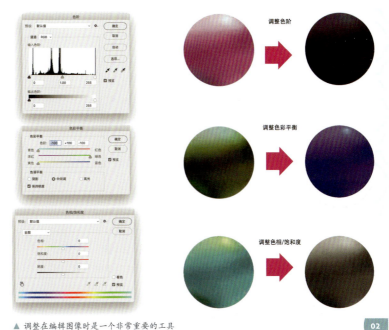

▲ 调整在编辑图像时是一个非常重要的工具

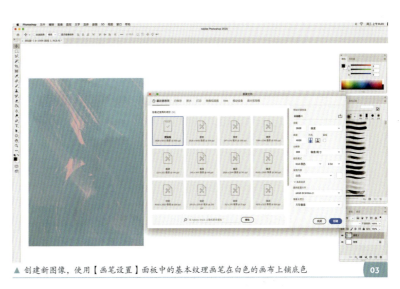

▲ 创建新图像，使用【画笔设置】面板中的基本纹理画笔在白色的画布上铺底色

画笔、工具、设置　15

▲ 用大笔触和【橡皮擦】工具画出基本形

04

▲ 使用【套索】工具建立自由选区

05

的形状（见图04）。做这些的时候我会同时使用【画笔】和【橡皮擦】工具，我一般先用硬边画笔在画布上做一个记号，然后用硬边橡皮擦来优化形状。我作品中的基本形都是这样画的。因为我经常使用【画笔】工具和【橡皮擦】工具，所以我一般不单击【工具】面板，而是直接使用快捷键【画笔】工具（B）【橡皮擦】工具（E）。在这里我画了一个人物角色作为示范。我先用几个基本色画了一个类似海报并能展示最终效果的草图。这个草图是作品的主体结构，它将成为我全部创作过程的主导。

绘画时，图层的管理是一件很重要的事。在本例中，我将画面的主要元素放在单独命名的不同图层中，记住，你可以通过双击每个图层的名字来改名，单击并拖曳图层可以改变图层的顺序。

Step 05
【选择】工具

【选择】工具位于工具栏的上方，经常用来快速绘制干净清晰的轮廓形状。选择工具分好几个类型，其中最常用的有【矩形选框】工具、【椭圆选框】工具、【套索】工具、【多边形套索】工具。【矩形选框】工具可以创建矩形选区，【椭圆选框】工具可以创建圆形选区。这里有一个小技巧，当我按住Shift键使用选框工具建立选区时，【矩形选框】工具可以创建正方形选区，【椭圆选框】工具可以创建正圆形选区。

【套索】工具可以创建自由选区，特别是当绘制一些不规则形状时，这个工具非常好用。例如：我使用【套索】工具勾人物头发的主轮廓（见图05）。使用选择工具后可以用【油漆桶】工具填充选区，也可以使用画笔在选区内画。

Step 06
剪切蒙版

现在我有了一个很满意的形状，我想在上面加一些细节，但是我不想改变这个形状，最好的方法是使用剪切蒙版。剪切蒙版的原理是把一个新图层附加到它下面的那个图层，并用下面的图层的透明部分作为新图层的蒙版。这意味着随着画面的继续深入，不会破坏那个

使用剪切蒙版

未使用剪切蒙版

▲ 剪切蒙版根据下面的图层的形状为新图层创建边界，同时不改变下面的图层的内容　　06a

令我满意的形状。创建剪切蒙版只需创建一个新图层，按住 Alt 键（苹果电脑按 Option 键）的同时用鼠标单击两个图层中间的线，上面的图层的缩略图会向右偏移，缩略图左边则多了一个向下的小箭头（见图 06a 和 06b）。使用剪切蒙版，我开始给人物的皮肤和衣服绘制基本色调。你可以根据需要把多个层使用的剪切蒙版剪切到一个特定层，这样就可以轻松地使用不同画笔和颜色去尝试，因为你随时可以删除该图层，然后添加新的剪切蒙版返回你的初始画面。

▲ 剪切蒙版将一个图层附加到其正下方的图层　　06b

画笔、工具、设置　17

"花时间研究解剖学和材质等基础知识很重要。为了画准每一个结构和细节，你花费的时间都是值得的。"

Step 07
关键技术

现在这幅作品的大形已经确定，我可以专心地继续画下去。不要从一开始就试图刻画细节，如果你从整体着手，先从大的形状开始画，然后再完善细节，你会觉得更轻松，你的画也会更加完美。我建议你在每次开始新的创作时都采用这种方法。

> ❋ **专业提示**
> **经常使用缩放工具**
>
> 为了确保我不会太过于专注细节，我经常把画面缩小看。如果你单击【视图】>【放大】或【缩小】菜单，可以把画面放大或缩小。因为经常使用这个功能，所以我的快捷键分别是：Ctrl++和Ctrl+-。

到了这一步，我会讲解我画这个角色的人体结构和衣服的过程。花时间研究解剖学和材质等基础知识很重要。为了画准每一个结构和细节，你花费的时间都是值得的。

我用之前讲解过的基本绘图技巧和选择工具给这幅作品添加一些元素。例如，用剪切蒙版在皮肤上创建所有的阴影；用【套索】工具创建选区，然后用带有纹理的画笔在选区里画夹克上的粉红色的条纹（见图07）。

Step 08
绘制人物神态

现在这幅画已经接近尾声，只

▲ 我使用剪切蒙版和【套索】工具画了阴影和粉红色的条纹　　07

有到了这一步，我才允许自己放大画面深入地刻画一些小细节。我用一个纹理画笔来表现人物的神情以及其他重要的细节（见图08），比如，配饰，皮肤上细微的颜色变化，头发上的一些细节。

我在衣服上加了一些粉红色的反光，让画面看起来更加饱满有趣，其他区域我加了一些肉色，使整个画面更看起更加和谐，具有美感。

▲ 使用纹理画笔绘制人物的神态　　08

Step 09
最终调整

一旦你对作品的细节感到满意，你就会发现你的画已经接近完成。在快完成每一幅作品时，我都会花点时间进行各种调整和修改作品的图层混合模式。在这幅作品中，我在所有图层的最上面新建一个图层，将图层混合模式设置为【颜色减淡】（单击【图层】>【新建】菜

▲ 尝试不同的调整并找到最合适的调整工具　　09a

▲ 最后使用调整和图层完善作品　09b

▲ 效果图　09c

单,然后在图层混合模式下拉列表中选择【颜色减淡】选项)。图层混合模式在你想快速制作能带来视觉冲击的作品时很好用。这里我用它来增加你对使用工具绘画的兴趣,但是使用这个模式时要注意,过多的饱和度和亮度会让你的画面显得曝光过度,所以尽量使用你选择的颜色,不要过度地依赖图层混合模式。

不要害怕做出调整,如果你不确定从哪里开始,可以试试这样做:选择软边画笔,挑一个比较深的颜色,然后用画笔慢慢地给画面上色。如果看不出来什么变化,你只要选择一个较亮的颜色,然后用笔慢慢地上色。你可以单击【图像】>【调整】>【色阶】菜单(见图09a),调整光影关系,让你的作品更加出色。

我喜欢把我的作品复制一个再来做最后的调整,这样我就可以将效果应用于整个作品,而不是只对某个图层产生效果。这样做的前提是你要把所有图层合并为一个图层,单击【图层】>【拼合图像】菜单。我试着添加一些杂色来模拟胶片颗粒,单击【滤镜】>【杂色】>【添加杂色】菜单。你可以试着在这些设置里找喜欢的并且最适合你的画面的设置。我通常把添加杂色中的【数量】值设置为1%并选择【高斯分布】选项(见图09b)。这些最终的微调很重要,因为这样会让你的画面看起来更加完整(见图09c)。再提醒一次,尝试不同的选项。

在本章中介绍了很多的方法,如果你想进入数字绘画领域,那么应该有一个良好的开始。只有经过长时间的练习,你才能轻松地用Photoshop创造出你渴望的艺术作品。

我建议你每天都使用Photoshop,不断地尝试,不断地观看教程,这样在某天,你会将Photoshop运用自如。

艺术基础

了解创作科幻概念的优秀作品所需的关键艺术理论。

设置好画布之后,在创作之前我们应该从哪里开始呢?本章将介绍创作科幻概念艺术的基本原理。在任何艺术作品中,物品和人物的透视关系都是至关重要的,还要注意在场景创作中如何设计它们能使得画面更加有张力,了解光线和如何选择颜色将会影响你的整幅作品的气氛。接下来,你将了解到如何构图能引起观众的兴趣,怎样确保透视的准确,如何建立你个人的配色风格,以及光线是如何影响场景气氛的。

动态构图

设计丰富的场景

布拉·姆塞尔斯

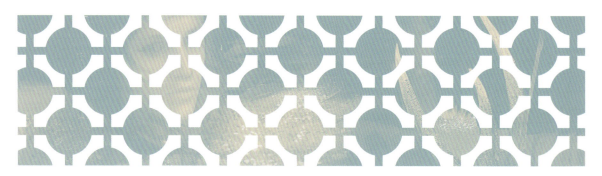

你有没有因为要设计一个复杂的场景而感到很有压力？别担心！因为一幅作品而备受打击是再正常不过的事情，即使是最坚强的艺术家也会常常在自己的作品中挣扎。尝试拥抱这种感觉，因为它永远不会消失。所以保持冷静，去喝杯咖啡，记住下面的话：把事情搞定！

新手和学习中的艺术家往往倾向于尝试同时解决创作中遇到的各种问题。从本质上来说，一幅完成的作品是可以立即看到的，所以你认为画面以相同的方式出现是正常的。但事实是，当你尝试从鼻尖的高光开始绘制一张脸时，几乎都以失败告终。即使在这个神奇的科技数字绘画时代，创作之前，也要做大量的准备工作。包括从搜集参考图到绘制缩略图草稿，从构图和透视到解剖结构和色彩草稿。

我将展示一个我经常绘制的动态科幻插画的过程，你会发现创建一个丰富的构图并不像一开始感觉的那样难。把每一步当作一个单独的任务，在你意识到之前，作品就已经完成了。那么，我们现在开始吧。

Step 01
缩略图

如图 01 所示，缩略图阶段是创

▲ 绘制角色时先绘制能表现角色能力的各种动态图

▲ 画布上对角线的人物造型能带来更多的动感　02

▲ 使用DAZ之类的3D软件帮助绘制　03

建任何插图最重要的步骤之一（但常常被忽略）。缩略图就是创建一个小图像，该图像包含所有绘制场景所需要的内容。这不仅是激发灵感的好方法，同时还可以提供大量的构图方式。

绘制缩略图可以非常快，不需要很多细节，所以使用基础的画笔专注于绘制真正重要的部分：整体布局。这个阶段的主要任务是创作单个或多个角色的形状和轮廓，避免深入刻画作品细节。

Step 02
使角色更有动感

大多数情况下，构图的塑造是在缩略图阶段开始的，但我们现在要专注于它。从巴洛克时期开始，艺术家们就注意到，如果想让一件艺术品更有动感，一个很好的方法就是使用对角线设计场景。我在本章的实例中绘制的骑手可能一直朝着正面直奔，腿几乎垂直于地面。

通过倾斜的鹿角和骑手，角色变得不平衡，这增加了更多的动作和情节。注意，图形外部有明显的不规则空间时，当构图更具有动感。对称构图（在某些情况下有自己的优点）会降低作品的动感（见图02）。

Step 03
利用3D软件的优势

现在市场上有很多免费的3D软件，我们可以利用起来。如DAZ Studio之类的软件是可以免费下载的，这将帮助你找到正确的参考资料。

将构图用作场景中的背景，然后将3D模型放在上面，并摆放成你想要的姿势（见图03）。如此一来，你的作品将会有正确的透视和解剖结构参考。DAZ Studio还提供了许多教程来帮助你找到解决方法。

✱ 专业提示
雨和雪

在电脑上保留一个有用的图像素材库。右图是我几年前创建的一个简单的黑白雪景图片，它很容易放入其他图片中。然后我可以将【混合模式】设置为【滤色】，两秒钟就搞定了雪景。这是一个用散点画笔很容易绘制的画面，它确实节省了时间。我还有其他类似的素材，如雨水、光线，甚至镜头光晕。

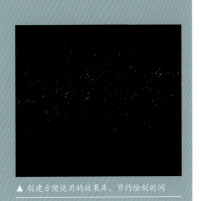

▲ 创建方便使用的效果库，节约绘制时间

Step 04
从线稿开始

一旦绘制出缩略图并收集好参考素材之后，就可以开始绘制线稿了。在缩略图上方添加一个新的图层，并用中性灰色来填充。将图层的【不透明度】改为约75%，这样就可以看见下方的缩略图（见图04），然后在上方再新建一个图层。现在你可以一边浏览缩略图，一边用深灰色添加细节。

"绘制的每条线条都应遵循下方图层的形状。"

这样做的目的是为了清理并填充之前创建的形状，因此在绘制时请仔细查看参考图。绘制的每条线条都应遵循下方图层的形状，因此了解所绘制对象的形状非常重要。

Step 05
添加光影

通过创建动态的形状和细致的线稿，你已经解决了许多重要问题，但仍有尚未解决的问题。其中之一便是场景中的光线应该从何而来。

想象自己就站在你所绘制的角色身边，思考场景中的光线来自何处。我设置的场景在白天，大约中午的时候，所以我选择让光线从画面右上角照过来。一旦确定场景中的光源来自何处，就选择一个大的固态画笔，新建一个【正片叠底】的图层，并填充角色身上远离光源的每个面（见图05）。这是一个简单的方法，但非常有效。

Step 06
快速调整参数

如图06所示，尝试对每幅作品进行一次简单快速的参数调整（详情

▲ 填充绘制的轮廓，画出脑海中的故事　04

▲ 为角色加上光影，制造三维效果　05

▲ 根据之前绘制的光影绘制画面的明暗效果　06

请看42页）。这些调整并未完成，背景并没有改变。但这没有关系，因为这幅画的场景中的重点主要是角色。

进行这些参数的调整实际上是对自己的一种测试，看看这些参数和材质会对角色的轮廓有什么样的影响。如果你已经按照前面的步骤进行了操作，那这一步对你来说并不困难。因为你已经绘制了暗部。开始添加纹理时，需要判断它们是位于角色的亮部还是暗部，然后在相应的位置进行绘制。

Step 07
蒙版：快速指南

此步骤并非必要，但它是一个很棒的功能，对于新手非常有用。蒙版可以保持各元素的条理性，并且可以帮助你专注于此阶段的重点。蒙版的意义是你可以将作品分为多个重叠的元素组，每一个元素都在自己的图层上。要开始使用蒙版，就要为每个元素创建一个新的图层，然后选取一系列明亮的颜色，用这些颜色尽可能清晰地绘制元素，以免覆盖其他元素（见图07）。在这一步，【套索】工具非常有用。

蒙版有一个缺点，就是最后你需要回去修改一些元素的边缘，但它可以帮你将注意力集中在某一项任务上。

Step 08
开始绘制背景

为了使创作过程尽可能简洁，我将背景的绘制推迟到现在。但是请记住，在大多数情况下最好是尽早将背景锁定在单独的图层上，因为这对整体构图有很大的影响。

用相同的颜色填充步骤07中所有的蒙版图层，以免分散注意力。在【图层】面板的【锁定】选项组有一个方便的小按钮：【锁定透明像素】，它只允许你在蒙版的形状内进行绘制。我想象中的这幅画的环境是寒冷的，并且有被雪覆盖的森林，因此我从网上搜集了一些参考资料。然后我用大画笔快速绘制大色块（见图08）。

Step 09
增加环境纵深感

在给背景增加纵深感时，一种简单流行的技术是利用"景深"（见图09）。景深是一个术语，通常在摄影和电影行业中广为人知，但也

▲ 把不同的形状分层　07

▲ 使用色块绘制背景，不用太精致　08

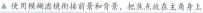
▲ 使用模糊滤镜衔接前景和背景,把焦点放在主角身上　　09

▲ 一个元素使用一个颜色　　10

能很方便地应用于数字绘画。它让人感受到场景中不同元素的距离感,同时也能让人将注意力放在画面中重要的焦点部分。

要想体现出景深,场景中必须要有清晰的元素作为主体。通过将镜头前的元素和最远的元素虚化,可以使场景看起来更加生动。因此,请单击【滤镜】>【模糊】菜单,这里有不同的模糊工具,选择【高斯模糊】并调整半径以达到所需效果。在这种情况下,我通常用它虚化近处的草和远处的树木。

Step 10
局部上色

现在这幅画的所有元素都已就位,可以刻画创作出一幅出色的插画了(见图10)。从蒙版阶段开始,

✦ 专业提示
用【动感模糊】滤镜添加动态

【动感模糊】滤镜很容易使用,有助于为图像中的元素添加动态。要使用它,请单击【滤镜】>【模糊】>【运动模糊】菜单,然后将会弹出一个窗口,你可以更改模糊的方向及其覆盖的距离。有个小技巧是,在角色或物体上使用该功能,可以使人产生错觉,就像是他们正在朝着某个方向移动。这虽然不是可以立即完成创作的神奇滤镜,但这是一个很好的起点。想要真正让【动感模糊】滤镜突出效果,还需要擦除部分模糊,并查看下方的参照,以免效果太过夸张。你需要慎重地使用模糊滤镜来改变你的画面效果。创建一个新的元素并且复制它,在副本中添加【动感模糊】滤镜效果,并将多余部分擦除,在相关位置保留【动感模糊】滤镜的效果。

▲ 使用动态模糊滤镜制造动感

▲ 把脸绘制得精致一些　11

▲ 把元素分层，把注意力放在材质的使用上　12

组成角色的每个元素都应该有一个单独的图层，因此现在要做的就是为每个图层上色。这意味着你需要给每个形状填充一个与该物体本色相似的固有色，该颜色不受光照的影响。

该作品中，我选择了适合此角色质朴的外貌特征的中性大地色调。我希望吸引观众注意力的画面焦点是角色射箭的动作，因此角色的面部和手将是最饱满的部分。

Step 11
刻画面部

必须意识到，在众多插画中，人物的脸是大多数观众会第一时间看到的焦点。所以你要尽可能地使其更加美观和独特，从而脱颖而出。而画面中的其他内容可以较为粗糙，缺少一些细节，但面部应该是主要吸引力之一，所以请尽可能让面部更加生动细致。参照你的草图和3D参考图，花更多时间刻画面部。现在需要注意场景中的光线方向，在适当的位置为你的作品绘制高光和阴影（见图11）。

Step 12
逐层刻画

完成脸部刻画之后，就可以进行下一个图层的刻画了。一次只刻画一个图层，这样过程就不会太烦琐。

使构图丰富的一个重要部分是使用多种不同的材质，这有助于在场景中建立对比度。如果你要创建的场景与此相似，那你可能会发现每个图层都是不同的材质，因此需要查找每种特定材质的参考资料，并尝试在图层中模仿其特性（见图12）。

例如，我的角色肩膀上的皮毛是一种对比度较低的材质，颜色是暖色调的浅棕色。同时，雄鹿胸前的金属项圈正好相反，对比度高，饱和度低。

Step 13
动物的解剖结构

绘制动物的解剖结构是一件非常复杂的事情，所以在没有参考素

"要留意颜色和数值是如何使雄鹿看起来更加清晰并且令人印象深刻的。其实你所使用的参考素材是正确构图的关键。"

材的时候千万不要尝试。在你绘制动物之前,先看看鹿和马的肌肉是如何工作的,并试着理解,然后将其形状、位置和运动形态应用于你的画面中。动物头部的解剖结构也非常重要,所以要仔细观察头骨的骨骼结构是如何向上倾斜的(见图13)。

要留意颜色和明暗关系是如何使雄鹿看起来更加清晰并且令人印象深刻的。其实你所使用的参考素材是正确构图的关键。

Step 14
完成角色绘制

继续逐个绘制图层,直到达到图层面板的底部,角色应该已经刻画完成。现在需要解决一些在蒙版阶段出现的问题。首先,之前在创建蒙版图层时,这些图层的边缘可能都很尖锐。尝试涂抹这些边缘使其模糊,让整幅作品更加整体。【涂抹】工具非常适用于这一步。

其次,将画面看作一个整体,仔细检查各部分之间的明暗关系。暗部是否够暗?亮部是否够亮?还要确保光线一致,否则整个画面看起来将会混乱不堪(见图14)。

Step 15
烟雾和反光

我总是推迟绘制天气元素或烘托氛围的细节,如在最后才添加烟雾。因为这些效果会干扰你的视线,让你很难发现背后的问题。然而,当你最终将它们添加进来时,这些效果真能让你的画面大放异彩。

在本例中我添加了飘落的雪花,这确实使角色立足于环境之中,并且添加了环境的细节及角色的毛皮内衬服装。雪将她融入周围的环境中,并将画面中所有内容结合在一起,最终效果图如图15所示。

▲ 绘制动物或人体等复杂的结构多使用参考图   13

▲ 完成角色的绘制后多检查光影边缘,避免画面过于生硬   14

▲ 效果图

玩转构图

在你的作品中使用准确的视角构图

马库斯·洛瓦迪纳

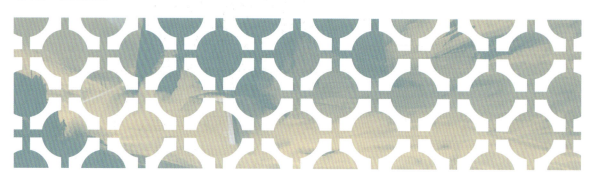

在本例中，我会告诉你构建透视图的基础知识。当你需要创建环境、景观、车辆或者一个完整的场景时，这些基础知识将会让你的创作变得更加轻松。本例将介绍最常用的透视图类型：单点透视、两点透视和三点透视。画面中，我画的是某种古老的幻想中的塔，它可以很容易被改造成荒凉之地的科幻概念的塔。

Step 01
绘制草图

有很多方法可以将你最初的想法展现在画布上，最传统的方法就是使用纸和笔，或者直接从Photoshop开始，这完全取决于你。所以选择你觉得最适合自己的方法，否则以后会变得非常困难。

我从绘制粗略的草图开始，只是想从中寻找一些灵感。可以看到，在这个阶段，我已经在草图中绘制了透视线（见图01）。即使我画的是简单的草图，我依然画了透视线以便有一个正确的透视。这并非必要，但对之后步骤会很有用。你会发现，如果一开始所画的都是正确的，那么你就不需要花太多时间来修复透视问题。在创作概念图或插画时候，请始终注意透视是否正确。

Step 02
"简单"透视

在我们开始画之前，我会介绍一些透视的基础知识。虽然这个话题有些枯燥，但它对每一幅画都至关重要。当你掌握了它，就像是你学会了骑自行车，一辈子都不会忘记。

本节内容主要是关于透视的讲解，我不会解释每一个笔触。

有两种方法可以将透视线画在画布上。第一种方法（但不是最好的）是用一个没有任何设置的小的硬边圆画笔，按住Shift键，同时从画布的左侧向右侧画一条直线，这条线就是你的视平线。这是假想的天空与地面的相交线，是接下来需要绘制的所有线条的基础。

现在在视平线的左端画一条小的垂直线，这是你的"消失点"，也是之后所有线条的出发点。现在你可以通过单击消失点，然后按住Shift键的同时再次单击视平线上方或下方的右侧，继续使用【画笔】工具绘制另一条直线。

创建透视线的另一种更简单的方法是使用【直线】工具，该工具可以在【矩形】工具中找到。【直线】工具使用起来更简单，因为你不需要一直单击它。此外，【直线】工具绘制的线条是矢量的，可以随

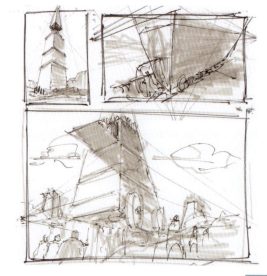

▲ 使用透视绘制草图

01

时修改。但是你要知道，你所画的每一条线都会自动创建一个新的图层，这些图层是可以合并的。

选中【直线】工具后，单击消失点并向画布的右侧绘制一条直线，重复此步骤，直到与图02相似。现在你可以将透视线上的某些点垂直地与视平线连接起来，点与点之间也相连。如此你便学会了单点透视。

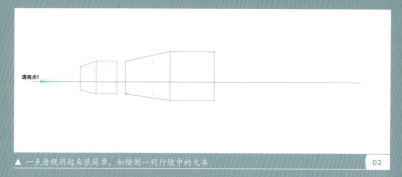
▲ 一点透视用起来很简单，如绘制一列行驶中的火车   02

"按住 Shift 键，同时从画布的左侧向右侧画一条直线，这条线就是你的视平线。"

Step 03
两点透视

如果使用【直线】工具绘制了透视线，现在应该有多个线条图层（每条线一个图层），请从【图层】面板中选中所有线条图层，然后在顶部菜单栏中单击【图层】>【合并图层】菜单将它们合并。注意不要合并背景图层。完成之后，复制该图层（Ctrl+J），并将其水平翻转。你可以单击顶部菜单栏的【编辑】>【变换】>【水平翻转】菜单，或按Ctrl+T 快捷键后右击，选择【水平翻转】选项来执行此操作。我非常喜欢快捷键，可以节省很多时间。因此在本例中，我将更多地使用快捷键，而非通过菜单栏操作。

翻转图层后将其水平移到右侧，你就可以看见两个消失点。这就是两点透视（见图03）。现在你可以按照单点透视的方式绘制垂直线，但这一次需要连接更多的点才能获得顶部或者底部。这取决于你绘制的对象是在视平线之下还是在视平线之上。

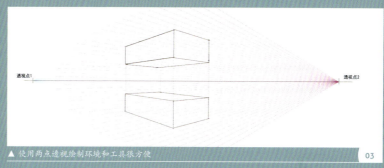
▲ 使用两点透视绘制环境和工具很方便   03

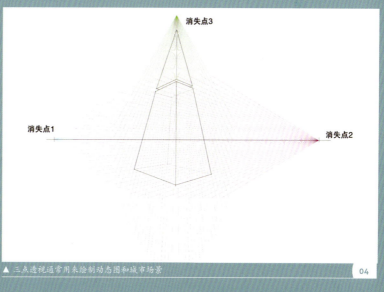
▲ 三点透视通常用来绘制动态图和城市场景   04

Step 04
三点透视

让我们继续最后的专业知识：三点透视。之后，我们将在我们的画中使用所学的知识。

我们已经学习了一点透视和两点透视，现在我们只需要添加另一个消失点构成三点透视。消失点可以在画布的顶部或底部。我选择顶部进行绘制。这将在我的这幅作品中派上用场。绘制第三个消失点，只需要复制步骤03中合并后的直线图层。

对复制的图层，按Ctrl+T 快捷键（变换）并将图层旋转90°，使尖端位于画布的上方（见图04）。三点透视便完成了！现在你可以遵循透视线创作，不管画什么，都会有一个正确透视。

Step 05
创建透视图

在步骤 01 中绘制的第一个草图为如何使用三点透视做了一个很好的示范。扫描该草图后将其拖入 Photoshop，由于草图中已经有一些透视线，所以很容易绘制视平线（见图 05）。

按照前面的步骤已经绘制出了所有的透视线。【直线】工具非常方便的另一原因是可以更改线的颜色。这意味着每个消失点都可以有自己的颜色，这在复杂的场景中将更容易分辨。一旦完成，场景的预设就准备就绪了。

Step 06
描线

准备好草图和透视线后，新建

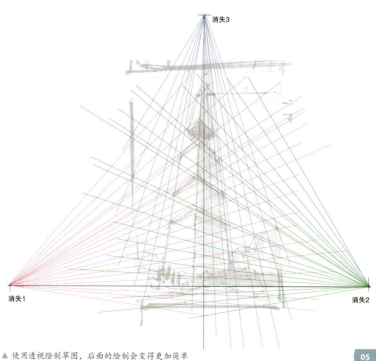

▲ 使用透视绘制草图，后面的绘制会变得更加简单

▲ 清理草图，确保每个物体都使用了透视

▲ 在转角处绘制，使画面看起来更加立体

✿ 专业提示
简单的草图

一个简单的草图可以让你尽快了解整个画面呈现的效果，尤其是在日常工作中可以节省大量时间。想象一下，如果你花了两天时间来创作概念图并交给艺术总监，然后被他们否定，你就必须从头开始。如果你只是绘制了草图，就不会浪费太多时间。素描也是练习透视的一个好方法。环顾四周，并将你所看见的东西画下来，确保它有正确的透视即可。

一个图层并填充为白色，将不透明度降低到大约 40%~50%，以便看见下方的内容，并确保透视线在单独的图层组上。你可以根据需要打开或者收起组。若要创建组，只需要单击【图层】面板底部的文件夹图标即可，然后就可以在【图层】面板中将所需的任何图层拖到该组中。创建一个新图层，并使用 8 像素直径的硬边圆画笔按照你之前创建的透视线对扫描图进行描线，如图 06 所示。

▲ 使用硬边圆画笔和涂抹工具绘制　　　　08

Step 07
填充形状

描线完成并调整好透视后，就可以给塔上色了。我常使用绘制草图时使用的硬边圆画笔进行上色，从一开始我就希望每个笔触都遵循透视规律，就像建立模型一样，能表现出塔的结构和材质，同时还能表现出光源的方向。于是我决定让光源从左上角进入（见图 07）。

Step 08
天空和地面

塔已经画得差不多了，是时候为画面增加一些气氛了。在画这种场景的时候，我通常会将不同的元素放置在不同的图层上，如此一来，塔、天空、地面都有单独的图层，如果以后需要修改将会很方便，不需要重新绘制。

用相同的硬边圆画笔绘制天空，如果你不知道天空的颜色，看看窗外即可，或者你也会放一些参考素材在屏幕两侧。我在天空中使用偏蓝的灰色或"伦敦蓝"，在画笔设置中降低一些画笔的透明度，你可以通过重叠笔触来获得需要的效果（你可以在工具栏中单击【画笔】工具，随后在顶部菜单栏的下方可以调整画笔的【不透明度】和【流量】）。使用【吸管】工具拾色，然后在某些区域继续绘制。

如果想要混合颜色，可以使用【涂抹】工具（见图 08），这是改善绘画质感的绝佳方法。如果你有自己喜欢的画笔，也可以用【涂抹】工具尝试一下。你可以使用重叠的笔触与绘制天空相同的方式绘制地面，并用缩小的画笔来绘制细节。

Step 09
绘制细节

我想说一说【套索】工具，这个工具可以绘制出清晰坚硬的物体边缘。鉴于本例是建筑概念图，因此非常有用。如图09a所示，我在塔上建立了一个选区。【套索】工具有两个不同的选项：【套索】工具和【多边形套索】工具。如果你选取的内容由直线和斜角构成（如本例图），那【多边形套索】工具会非常有用。绘制合适的选区之后就可以进行更多的细节刻画，使用与之前相同的硬边圆画笔对塔和天空进行纹理刻画（见图09b）。

Step 10
颜色调整

有了细节之后，我觉得颜色还不太准确，这种情况下，在修改颜色之前，请合并所有图层（透视线

▲ 使用套索工具选择，得到清晰的边缘　09a

▲ 继续使用硬边圆画笔绘制细节　09b

34　Photoshop游戏动漫科幻设计手绘教程

▲ 使用调整图层调整画面氛围　　10a

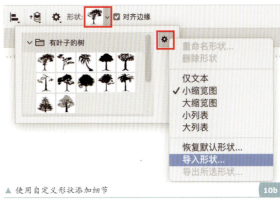

▲ 使用自定义形状添加细节　　10b

▲ 使用草图或者图片作为纹理添加细节　　11

> ✿ **专业提示**
>
> **练习！练习！练习！**
>
> 　　我知道你常听到这句话，但我不得不说，这绝对是行之有效的。你练得越多，就越容易。有一天，三点透视网格对你来说可有可无时，真正的乐趣才开始。一旦熟悉掌握了基础知识，你就可以专注于绘画和创作，不需要再担心线条是否正确，或者因为透视不对导致画面看起来很奇怪。

图层除外）以便对整体进行调整。单击【图层】面板底部的【创建新的填充或调整图层】图标可以选择不同的图层效果，如【亮度/对比度】、【色彩平衡】、【可选颜色】等。

　　我选择了【色彩平衡】来控制阴影、高光和中间色调（见图10a）。调整中间色调可以获得较为温暖的色调，并用【自定义形状】将更多的细节添加到背景的山脉中。你可以通过右击【矩形】工具选择【自定义形状】工具进行操作。Photoshop有许多预加载的自定义形状，你可以通过单击面板右上方的下拉箭头来访问它们（见图10b）。

Step 11
更多细节处理

　　颜色调整满意之后，便可以继续刻画更多细节（见图11）。去年我画了许多概念图和插图，收集了很多相关素材，现在可以用来做参考，或者拿来做基础纹理。你可以在网络上收集一些素材，或者使用以前的草图。

　　在这种情况下，我使用以前创作的作品为地面添加草纹理。使用【套索】工具进行选择，然后复制选取的部分。如果尺寸与当前作品的画面不吻合，可是使用变换（Ctrl+t）

> ✦ **专业提示**
> **3D软件**
>
> 熟练使用一个你买得起的3D软件非常有用，如今的概念场景有些非常复杂，一个场景中包含了成千上万个元素，这会让透视正确变得更加困难。在这种情况下，我建议你使用3D软件制作模型覆盖基础场景。SketchUp是一款免费的易上手的3D基础软件。你也可以尝试使用MODO、3ds Max或Maya。这些软件比SketchUp更复杂，但你会得到更好的效果。

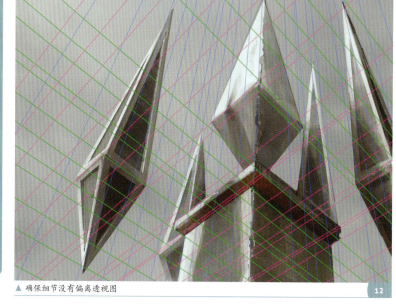
▲ 确保细节没有偏离透视图　　12

进行调整，直到合适。更多操作方法请看第102页、172页和182页。不需要担心分辨率是否完美，因为它仅仅用作纹理层而已。

Step 12
处理小细节

我喜欢塔周围浮动的棱镜，但总觉得还缺了点什么。显示透视图层，并创建一个新的图层。使用【多边形套索】工具选取棱镜内部区域（见图12中的形状）。始终检查它们的透视是否正确。

选出选区后，使用深灰色的圆画笔在深色区域绘制。以后可能会在这里绘制图案或者象形文字。如你所见，将透视线图层放在图层组上方非常方便，因为你可以随时隐藏或显示该图层。

Step 13
气氛

颜色、气氛、环境对我来说都非常重要，我会尽可能地对其进行调整（见图13）。使用【色彩平衡】

▲ 调整色彩以控制画面的氛围　　13

可以增强图像的色调，但这次调出了偏蓝的效果。与步骤08一样，使用【涂抹】工具获得更加柔和的混合效果，绘制出云。画面左下角是一群人，你可以使用简单的形状来表现，并在新的图层上绘制。

Step 14
一点科幻

现在我对整个画面已经很满意了，但还是觉得缺了点什么。这幅作品需要一些科幻元素，为此我在单独的图层上绘制了一个图案。你可以绘制任何有关"科幻"的元素，我选择的是【自定义形状】工具里面的埃及风格图形。

打开透视线图层使其可见，按Ctrl+T快捷键，然后右击并选择【变形】选项。【变形】工具看上去与正常的变换非常相似，但你可以分别拖曳每个角，这正是我们所需要的。将每个角拖到正确的透视线上（消失点1、2、3），新增图案的透视就可以与整个画面一致。这就是我们花大量的时间绘制正确的透视网格图的原因。紧接着对塔的另一侧进行相同操作。

接下来，合并这两个图层并添加一个【图层蒙版】（单击【图层】面板底部的【添加图层蒙版】图标）。现在，你可以"擦除"或隐藏某些超出的或者太明显的区域。同时我还将图层的混合模式改为【变暗】。【变暗】效果可计算图像最亮部分与最暗部分之间的差异，所以暗部保持不变，但亮部会比之前较暗一些（见图14）。尝试不同的混合模式，找到适合自己的。

Step 15
最后润色

现在已经完成得差不多了，该进行最后的润色了！隐藏透视线图层组并将所有图层合并在一起。按Ctrl+J快捷键可以复制该图层。这是一种保存原始图稿并进行效果或颜色修改的简单方法。

选择一个柔边圆画笔，并将【模式】设置为【颜色减淡】，选择中间色调，并将【不透明度】设置为30%，用该画笔给前景的草地添加一些明亮的阳光，这可以加深对比度，让塔更加突出。

塔顶的高光，请使用Ctrl+Alt+Shift+N快捷键创建新图层，并使用柔边圆画笔绘制光晕，画笔应调节相应的不透明度进行绘制。再使用硬边圆画笔在山顶上绘制更多的云，如果云的边缘看起来太硬了，请使用【涂抹】工具进行修饰，最终效果如图15a及15b所示。

> **练习时间**
>
> 在第108~114和180页上找到更多有关画面色彩的建议。

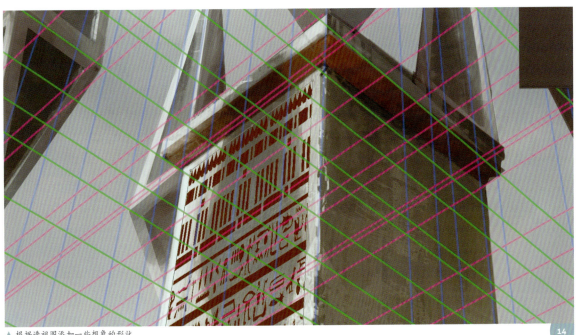

▲ 根据透视图添加一些想象的形状

▲ 效果图

如何调色

如何使用配色技巧表现作品气氛

温迪·尹

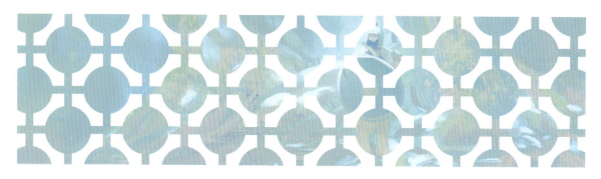

本节主要讲解色彩的基本知识，这些知识可以用于表现插画的气氛。色彩对于表达画面中的故事至关重要，色彩本身就可以表达场景的气氛和情绪，它是用来表现画面及讲述故事的强大工具。在这部分，我将会向你展示绘制科幻场景的配色方法和一些对你有帮助的小技巧。Photoshop 有许多非常有用的工具，我将用这些工具进行演示说明。它是一个功能强大的软件，可轻松快速地掌握色彩的使用。

在本节中，我将演示从黑白缩略图一直到完成绘画的全部过程。我将向你展示不同的配色示例，以及如何使用不破坏原图的方法在 Photoshop 中快速调整，如调整图层。我还会演示 HSB（色相、饱和度、明度）滑块在选择颜色和使用各种图层模式在配色方面的重要性。这节结束时，你将对 Photoshop 的功能以及如何搭配颜色来表达你的作品有了更好的了解。画这幅画给了我很多乐趣，我希望你也一样。那么开始吧！

我从一些想法开始创作。我想在森林环境中创建一个科幻作品（见图01a），于是快速地绘制出黑白缩略图（见图01b）。你可以调整画面的元素和明暗达到你满意的效果。明暗关系会极大地影响画面的后续上色。有些人在绘制了线稿草图后完全跳过此步骤，直

▲ 这张露营的照片是绘制的灵感来源 01a

Step 01
随意的黑白缩略图

明暗指的是色彩的明暗，将画面中的明暗关系分为前景、中景和远景的三重排列，由明到暗排列来表现视距。用明暗来区分画面内容非常重要，因为它可以防止物体混在一起变得难以区分。画面的明暗安排好，可以使观众的视线转移到焦点上。

▲ 黑白的草图能看清楚明暗关系和画面构成 01b

▲ 复制草图，使用不同的颜色调整画面氛围　02a

▲ 使用图层工具栏设置不同的颜色组合方式　02b

接上色。但是当我继续创作时，我才发现了解明暗关系对我的创作很有帮助。

将前景、中景、远景的元素都保留在单独的图层上，以便日后可以轻松地进行调整。给图层命名并标注颜色，能帮助你建立有序的工作流程。你可以通过右击图层面板中的图层，选择【图层属性】>【颜色】菜单，从中选择一种颜色来标记该图层。

Step 02
考虑气氛

当你需要让作品讲述一个故事的时候，气氛和结构一样重要。你选择的配色对气氛起了决定性的作用。在动画中，连续的颜色用来渲染故事的气氛，这些颜色代表场景中情绪的重要性。作为一名艺术家，你可以掌控画面中的颜色来向观众传达特定的情绪。

在这一部分，我想让森林有一种古老而魔幻的感觉。对于"古老而魔幻"可能有多种不同的表现方式，你不必局限于一种配色，尝试用不同的颜色进行搭配以获得许多不同的灵感是非常重要的。幸运的是Photoshop让修改变得十分简单，因此你可以大胆尝试各种配色。

复制多个黑白缩略图用来尝试不同的颜色搭配（见图02a）。Photoshop中的调整图层是一个不需要破坏原画面的很好的调整方式，你可以在【图层】面板的底部找到它（见图02b）。尝试各种不同的图层混合模式（详情见第12页），如【柔光】和【正片叠底】，用【画笔】工具快速为每个缩略图上色。你也可以使用【图层蒙版】限制调整图层可调整的区域（如何使用详见第13页）。

Step 03
色温与和谐

色温可以分为两种：暖色和冷色。暖色给人愤怒、激动、活力和激情的感觉，而冷色则更像是冰，是阴暗、安静的代名词。色温甚至可以用来区分两种紧挨在一起的颜色，比如暖紫色和冷紫色。

尽管你可以用暖色调绘制一整套作品，或者用冷色调绘制一整套作品，但在作品中添加对比色温的色调会给你的作品带来更好的效果。这种视觉可以使单调的画面变得丰富而且更加和谐，同时还能更具吸引力，抓住观众的眼球。

> ✿ **专业提示**
> **从生活中学习**
>
> 走出去观察你周围的一切，尽可能去感受现实世界中细微的光线差别，这是学习理解色彩和光线的最好方法。仔细观察色彩间的关系以及光线是如何影响它们的，并用速写本记录下来你所观察到的现象。这么做可以加深你对色彩的理解，丰富你的知识。当你创作自己的作品时，不论是数字绘画还是传统绘画，这都对你有很大的帮助。

✿ 专业提示
配色调整

将情绪与不同的颜色进行关联是一种特别的体验，尽管我们对颜色的解释是主观的，但有些颜色被普遍认为是与自然、个人经历以及历史共同关联的。这些可以归类为配色的排列，来传递特定的情绪。接下来我将使用旧的骑士图像来演示Photoshop作为一款强大工具是如何快速改变画面颜色的。我用不同的调整图层来进行更改。

在我创作这幅画时，我希望观众能感受到画中的骑士所感受到的一切。为了获得这种氛围，我用了暖色调的配色，因为这些颜色通常给人一种积极的感觉（下方第一个骑士图像）。为达到本节的目的，我将向你展示这幅作品的气氛是如何戏剧性地变得沉闷的。

我首先使用【色相/饱和度】降低调整图层的饱和度，然后再新建一个【色彩平衡】调整图层，并移动滑块来改变作品色温。调整后画面还是有些偏绿，所以我新建了一个【曲线】调整图层，选择【蓝色】通道，将线条向上凸起。这会让画面颜色变冷（下方第二个骑士图像）。任务完成。

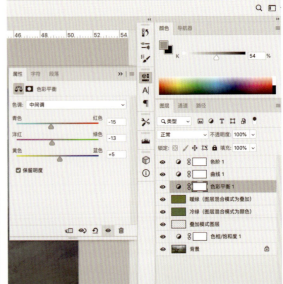

在我的作品中，我希望画面的整体保持冷色调，但需要在一些区域加一些暖色来建立焦点。与背景的相比，画面中间的树木的色温要更暖一些。要使色温更加偏暖，就需要创建一个新的图层并将该图层的【混合模式】改为【叠加】，随后使用纹理画笔稍微修饰一下。你还可以调整图层的【不透明度】使颜色不那么饱和。检查色温的一种方法是在颜色下方添加一个50%中性灰的背景，这能帮你更准确地看清颜色而不会产生偏差。

▲ 同时使用暖色和冷色让画面看起来更加和谐

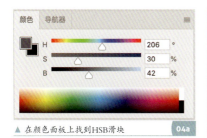

▲ 在颜色面板上找到HSB滑块　04a

Step 04
Photoshop 的颜色滑块设置

在 Photoshop 中选择颜色的方式有很多种，我更喜欢使用 HSB 滑块（见图 04a）来代替传统的拾色器面板。你可以通过单击【颜色】面板右上角的菜单图标来勾选【HSB 滑块】。

色相通常被认为是颜色的名称，而饱和度则是颜色的纯度。饱和度为零的颜色属于灰度色。明度值表示从白色到黑色之间的数值。

我之所以喜欢 HSB 滑块，是因为它可以微调所需的颜色，在选取颜色的时候可以更加精确。当然，

▲ HSB滑块类似于用【色相/饱和度】调整图层，可以精确地选择颜色　04b

这只是一个选项，你可以选择最适合你的一种。演示这种取色操作最简单的方法是使用【色相/饱和度】的调整图层，因为它的功能选项几乎与 HSB 滑块相同。我已经调整了画面中的一部分来做演示（见图 04b）。调整【色相】滑块以更改颜色，然后调整【饱和度】滑块来更改颜色的纯度，最后调整【明度】使其更亮或者更暗。

✿ 专业提示
科幻配色

一般而言，任何配色都适用于科幻作品，但大多数观众熟悉的作品都有各自的风格特点。大部分科幻作品都使用冷色调和低饱和度的配色，但也有一些例外。这种类型的配色一般用于飞船内部或者阴暗的敌对外太空环境。而另一种科幻配色情况则是多彩的暖色调。

在这项专业提示中，我将使用我之前创作的科幻作品来演示这种经典的配色效果，它比你平时看见的要鲜艳一些，因为我想在调色中玩得尽兴。所以我使用了几个调整图层调出了不同的配色方案以适应外太空主题。

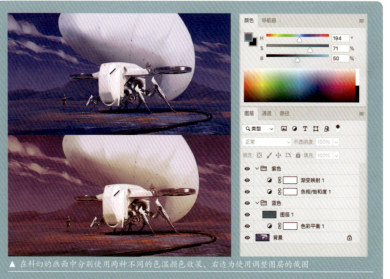

▲ 在科幻的画面中分别使用两种不同的色温颜色效果，右边为使用调整图层的截图

首先使用了【色彩平衡】调整图层，让画面变得更蓝更酷炫（见上图）。为了达到紫色的效果（见上方第二张图），我使用了【渐变】和【色相/饱和度】调整图层来改变色调。

如何调色　43

Step 05
填充颜色

开始清理草图，将画面变得干净整洁，然后填充颜色。我先使用纯色填充，这意味着物体的固有色是不受光影影响的。为了让之后的步骤井井有条，我依旧在不同的图层上绘制。

先绘制一些基本的明暗，比如树根和岩石之间的阴影。确定光源非常重要，这可以帮助你绘制阴影和高光的部分。在这种情况下，从上而下的光线因为被树木的枝叶遮挡，落在地上形成一地的光斑。新建一个单独的图层来绘制地面、人物和树木上的光线。如果需要进行调整就可以轻松进行修改（见图05）。

> "重要的是要注意，随着距离的缩短、对比度和饱和度的降低，亮度是变亮的。"

一般来说前景是画面中最暗的部分，但如果你需要，你可以将它完全反转过来，让前景更亮，背景

▲ 确定光影　　　　　　　　　　05

更暗。新建一个【正片叠底】模式的图层，用深青色对前景中岩石的顶部以及画面左侧柱子进行绘制和填充，让它们暗下去。我们需要它们的明度足够暗才能与中景分开，所以修改图层的【不透明度】到最合适的值。

Step 06
使用渐变来创造气氛

气氛是表达画面中特定情绪的另一个重要元素。在【不透明度】设置为14%~20%的新图层上使用【渐变】工具，然后在画布上拖动进行绘制，进一步将远景与中景的地面分开。用一些提升氛围的颜色绘制远处的物体并添加一些薄雾，有助于建立远景的气氛。重要的是要注意，随着距离的缩短、对比度和饱和度的降低，亮度是变亮的。

我想给地面上斑驳的亮光添加一些阴影，可以使用【渐变】工具在新图层上进行添加。选择【渐变】工具，你可以选择不同的渐变方式，如【线性渐变】【径向渐变】【菱形渐变】。我倾向于将【线性渐变】用于制造环境效果（雾、灰尘），而将【径向渐变】用于特殊效果（光晕）。你也可以使用渐变的不同图层模式（如【颜色减淡】【亮光】【滤色】）。

开始给树木和石塔绘制纹理，注意别添加太多，这样就不会显得太过拥挤。尝试在图层的顶层添加一个【色相/饱和度】的调整图层来进行调整，以确定色调的变化，在绘画时先是隐藏此图层（见图06）。

> "天空看起来有些死气沉沉的，用【套索】工具在画面顶部画出几个选区，增加画面的对比度和吸引力。"

▲ 使用【渐变】工具添加图层，为地面添加斑驳的光影　　06

▲ 使用【导航器】面板，后退一步查看构图

Step 07
精修

现在是时候做最后的精修了，这一步会缩小整个画布以帮助你查看画面的整体效果。我常用的一项功能是【导航器】面板，你可以单击【窗口】>【导航器】菜单来启用它。这个工具会创建当前画面的缩略图，帮助你查看整体效果，不再需要你随时放大缩小地检查画面（见图07）。

我决定不要背景中巨大的圆柱，我觉得它与构图中的其他物体搭配起来不合适。想改变画面中的任何东西都是可以的，如果将其放在单独的图层上，则不会影响画面中的其他任何内容。

使用【渐变】工具在画面顶部添加更多云雾效果，这也有助于使两棵树之前的区别更明显。绘制背景中的其他树木，营造出茂密森林之感。天空看起来有些死气沉沉的，用【套索】工具在画面顶部画出几个选区，增加画面对比度和吸引力。

> **✿ 专业提示**
>
> **多看电影**
>
> 从早期的黑白电影到如今的CG大片，电影一直是世界上观看动态的颜色及光线的媒介。因此，我建议你多看这样的电影，因为你可以从电影画面中获得很多有关故事框架及色彩的信息。关注颜色的变化还可以让你了解如何用不同的配色和方式来讲述故事。

Step 08
进一步完善和调整

我发现配色看起来有些太灰了，所以我给画面增加了一些饱和度。首先，新建【渐变】调整图层，并将使用青色到深蓝色的渐变，将【不透明度】调整为30%，并将混合模式调整为【叠加】。以免效果太强。我想要的是改变色调，而不是整体配色，如果现在的效果有一点偏蓝紫色，就再新建一个【色彩平衡】调整图层并将滑块滑到黄色范围。这项操作将使颜色变得暖一些。

你还可以新建一个【色阶】调整图层使画面更亮一点，然后创建另一个图层并在朦胧的地方添加一些灰尘。不要让这些尘土布满整个画面，只绘制少量的灰尘。然后新建一个图层并将混合模式调整为【亮光】。使用大的喷枪画笔绘制一些散开的光晕。

最后将所有图层合并为一个图层，然后使用【USM 锐化】滤镜（【滤镜】>【锐化】>【USM 锐化】）可以提高元素的清晰度。记住，你可以尝试不同的图层混合模式，直至找到最适合的一种。最终效果如图08所示

> **练习时间**
>
> 第111~114和180~183页有更多关于画面色彩的建议。

▲ 效果图

控制光线

如何用光线在场景中营造气氛

埃弗拉姆·梅西尔

在这一部分，我不会告诉你怎么做才是完美的，我会通过在画面中尝试绘制不同的元素来告诉你如何修复你所犯的错误，尤其是光线问题。我将向你展示设计被照亮对象的位置和材质的重要性，如何使用光源的颜色来增强画面其他颜色的效果，以及如何使用【曲线】工具来调整画面所表达的情绪。我会给你一些提示作为参考。

我想让场景中有两个魔术师，并想让观众知道谁是老师。这两个角色都是女巫的徒弟。深夜，他们打开了一个非常罕见的卷轴，看见仙子从卷轴中被释放出来，小精灵的角色非常开心，而读书的男人却非常担心他所做的一切。我想给这幅画一种"数字水粉"的最终效果。

Step 01
构建场景

想要创作出一幅光影非常好的作品，首先你需要画一些可以点亮的东西。用参考姿势素材来绘制角色（见图01）。我现在使用的参考图越来越多，而不是凭空想象来作画，因为这些参考图能让画面更加真实。同时，使用参考图可以避免画面出现一些奇怪的不合常理的部分。

在这一部分我们重点关注的是场景中的线条和物体的体积，而不是阴影，如此你便可以根据需要来照亮画面中的人物。当角色完成后，为他们绘制衣服，考虑衣服上的材质及装饰，然后再用我的想象力来绘制背景。你所绘制的人物和背景在各个方面都需要匹配，这非常重要。一个非常方便的方法就是

▲ 使用参考线绘制准确的线稿　　01

用多个图层绘制，并降低图层的不透明度。

Step 02
确定固有色

在检查了草图并纠正了画面的透视之后，就可以开始使用【油漆桶】工具（G）以浅灰色调填充整个画布。这样做的目的是让你更容易发现画面中是否还有未填充的色块，而不需要与纯白色的背景进行比较。

▲ 使用色彩和默认的圆画笔构图

我作画的基本过程是使用默认的圆画笔填充形状，如果你在画笔面板中查看，会看到可以更改当前画笔的各种组件，在作画期间你可以使用它们来设置画笔的大小和不透明度等。这与传统绘画中调整颜料用量和使用画笔的力度类似。我想在【画笔】面板中通过单击【形状动态】设置，将【大小抖动】控制下的下拉列表改为【钢笔笔压】。你也可以使用 Alt+ 右键来手动调整画笔大小。一旦你用颜色填充形状之后，就要试着估计顶部有多亮。如此便可以知道被遮挡的区域（柔和阴影）应该有多暗。

如图 02 所示，你可以看见在不同的阶段我给角色设计了不同的服装样式，并且最终改变了他们的姿势。

Step 03
阴天的光效和材质

让我们考虑阴天时的光效，在这种情况下，我通常会尝试将每个对象的明暗关系简化为三种颜色：最亮、中间色调和最暗。但是在选择正确的颜色及添加材质效果（例如边缘反射、环境光遮挡和高光等）时，需要进行重点思考。你可以从图 03 中采纳一些有用的建议。

Step 04
用曲线改变画面氛围

现在你可以探索不同色调的画面所带来的效果，所以请合并所有可见图层为新图层（Ctrl+Alt+Shift+E），然后使用 Ctrl+M 快捷键打开【曲线】面板。曲线并不是非常复杂的，对角线表示从暗到亮，你可以添加点来提高或降低明度值。你也可以使用相同的方法将通道从

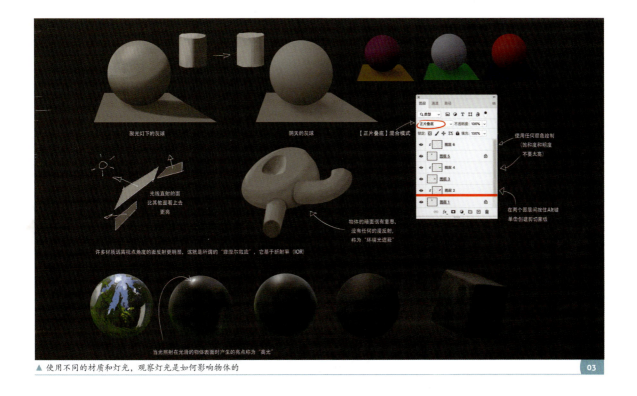

▲ 使用不同的材质和灯光，观察灯光是如何影响物体的

控制光线 49

RGB 切换到特定的颜色通道，但要调整颜色的明度（灰度明度）通道。之后 Photoshop 会重新组合红色、绿色和蓝色通道以生成彩色图像。这个意思是，如果通过添加两个控制点来降低阴影中的红色，不仅会让画面的阴影部分变得更暗，还会因为缺少红色而让阴影的颜色变为青色。如果使蓝色变暗，则阴影将变成深绿色。你可以做一些练习，来熟悉该工具。如图 04 所示，我们可以用这个工具创造不同的画面氛围。

Step 05
从白天到夜晚的变化

经过几次灯光调整后我仍然不满意，所以我准备做一次更大的改变！新建图层并设置其混合模式为【正片叠底】，然后使用灰色／浅蓝色覆盖整个画面，这能模拟眼睛是如何适应不同的色温的，并展现出夜晚的感觉。我喜欢这幅作品现在的感觉。

一般来说，月光是灰色的，但如果我们在同一场景中看见火光，突然间我们就会发现相比之下天空变得非常蓝。这些视觉变化其实都

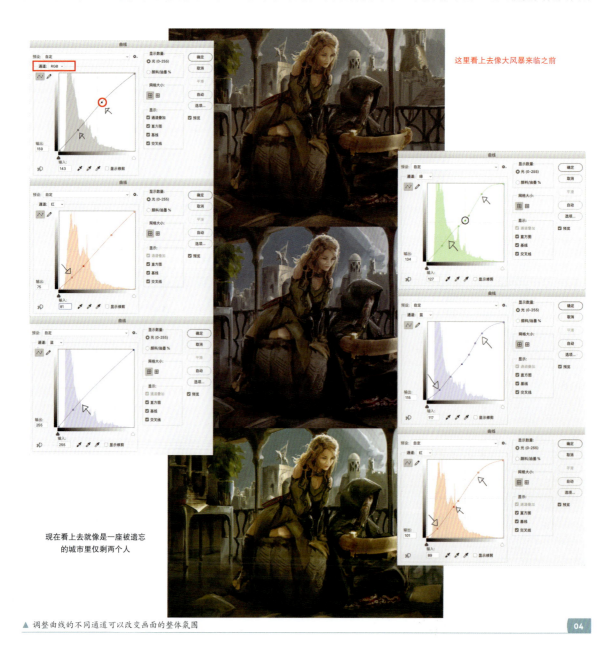

这里看上去像大风暴来临之前

现在看上去就像是一座被遗忘的城市里仅剩两个人

▲ 调整曲线的不同通道可以改变画面的整体氛围

04

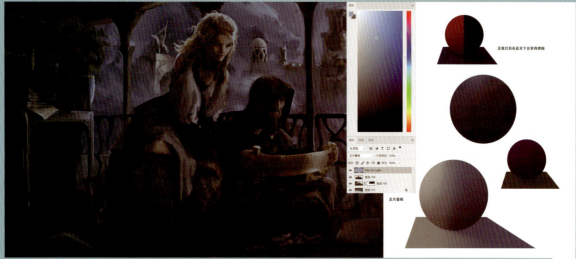

▲ 使用灰蓝色图层，改变图层混合模式为【正片叠底】以降低色温

05

发生在大脑中，所以我们要在画面上体现。我们让整个画面都是蓝色调，为之后要添加的红色光线做准备。如图05所示，请注意灰色球示例中，没有蓝色的灰色区域看起来像温暖的灯光。这种效果称为同时对比度，其中不同对象的颜色会相互影响，例如，如果我想要一个非常饱和的蓝色，但是我已经在场景中使用了纯蓝色，那么我将添加不饱和的颜色使蓝色真正凸显出来。

Step 06
添加光源

当我在上一步中将画面改为夜景时，我就已经想到了要添加一个灯或者某种光源。现在我有一个让卷轴发光的想法，即从画面下部分，和角色一起将整个画面点亮，给人一种亲密又引人好奇的感觉。在光源的考虑方面，可以将任何对象简化成能够捕获光源的简单平面。请注意，如图06所示，你可以看见左下角的球体是如何分解成几个平面的。你可以直接确定哪个平面是直接对着光源的，以及光的是照射到了球体的前面还是后面。另外请注意，你怎么选用颜色并不是取决于光线的工作原理，而是在与【颜色减淡】搭配使用时，能更好地判断使用哪个颜色。现在试试看吧！

▲ 简化物体，确定受光面

06

▲ 使用【图层样式】面板中的【外发光】、【颜色减淡】、【线性减淡】模式绘制魔法，如发光的精灵

Step 07
绘制魔法仙子

现在我们可以在场景中添加一些魔法元素。起初我只是想让空气中的尘粒变作魔法元素，但我现在有一个主意，为什么不使用一些蝴蝶或者仙女？始终要考虑着画面讲述的内容，对于这个场景，仙女们可以提供一种视觉上的神秘感——她们被困在卷轴里了吗？

为了给仙女上色，我用了很小尺寸的硬边圆画笔，并没有调整其不透明度，而是将【大小抖动】下的【控制】下拉列表设置为【钢笔压力】。如果双击【图层】面板中某个图层的右侧，它将打开【图层样式】窗口（见图07 左侧的窗口），在此窗口中尝试

✱ 专业提示
辉光和体积散射

我看到很多优秀的艺术家无法区分辉光和体积散射。辉光是相机镜头不完美的地方，光线无法完美地汇聚到一个点，而是会散射到镜头内部，从而在画面上产生2D扩散（尤其是高光）。想要复制发光，你可以简单地创建一个图像的合并副本（Ctrl+Alt+Shift+E）并将此图层的混合模式设置为【变亮】，然后单击【滤镜】>【高斯模糊】菜单并调整半径。你也可以使用【曲线】工具使高光部分发光。

体积散射是3D空间中光的扩散和衰减（强度逐渐降低）。光线被空气、雾气、烟雾或污染吸收，因此可以看见。查看下面两幅图，你可以看到体积散射是如何照亮雾气的，而辉光则仅仅发生在相机内。

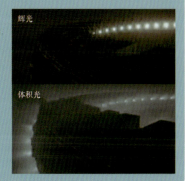

不同的颜色和半径。这次我选择的是【外发光】，并将【混合模式】改为【颜色减淡】，将【方法】设置为【精确】，【大小】调至 21 像素。这种样式会让这个图层上你所绘制的每个笔触都有发光的效果。

我还为更大的红色辉光添加了另一个图层，并将混合模式改为【线性减淡】，然后我用小尺寸画笔将其抹去，使光晕看起来更加有绘画感。如果你想让画面看起来是绘制出来的，那就要用纹理画笔来修改 Photoshop 工具所创作的元素，但请尽量保持画面的一致。

Step 08
利用参考确定画面

在这一部分，我们需要整理人物身上的光线。当涉及绘制角色时，使用正确的光照参考会对你非常有帮助。在步骤 03 和步骤 06 中我们了解到，只要将其分解为多个平面，就可以绘制所有内容。但是人类的表面非常复杂，很难在设计角色的同时考虑光的平面。为了克服这个难题，我只是拿起相机，让某人在我想要的与画面相同的光线下摆拍（见图 08）。你不需要昂贵的装备，只需台灯和手机就可以获得很好的参考素材。

> "设置好你拍摄的参考素材的曝光度，这非常重要。注意不要过度曝光或者曝光不足，否则会影响颜色的准确度。"

在为创作角色找合适的参考时，要牢记几个注意事项。第一，参考图中的视角或观看者的视平线必须与你所绘制的画面相匹配，考虑好相机拍摄的高度；第二，考虑好参考图的焦距，除非需要，否则请勿使用鱼眼镜头；第三，考虑好画面中的光线特质，比如光线有多柔和、它从哪里来。最后，设置好你拍摄的参考素材的曝光度，这非常重要。注意不要过度曝光或者曝光不足，否则会影响颜色的准确度。

现在画面有了准确的照明，时间设定在夜晚，仙女发出神奇的光芒，作品已经完整了！这幅画展示了一个有趣的故事：两个学徒打开了一个魔法卷轴，从里面释放出魔力。卷轴上的橙色光芒将观众的注意力吸引了过去，这与蓝色的背景相辅相成，营造出魔法和神秘的气氛（见图 09）。

> **练习时间**
>
> 通过练习第 88、110、165 页及第 97 页的步骤 06 和步骤 07，进一步提升对光线的掌握。

▲ 请家人或朋友做模特在正确的灯光下拍摄参考照片

控制光线 53

▲ 效果图

快捷提示

学会设置画布并找到 Photoshop 的常用工具

　　学习如何创建常见的科幻和奇幻的特定元素,尽管科幻和奇幻是两个庞大且仍在发展的类型,但有一些常用元素已经成为科幻和奇幻艺术备受大家喜爱的流行元素。这一部分将用一系列简单的步骤向你展示如何为场景创建单独的元素,如奇幻盔甲、科幻全息图和魔力药水等。你还将了解到如何创建流行的特效,如彩色的烟雾和神奇的火焰,来增强作品的画面效果,实现你的灵感。

弓箭

詹姆斯·沃尔夫·斯特雷尔

01
绘制草图

弓箭由一个弓背和弓弦组成。绘制草图时，请确保它是一个实用且可信的设计。想象一下你的角色可能使用哪种材料的弓箭，并如何装饰它。我用了一个传统的类似于喇叭状的反曲形状（见图01）。

02
上色

用大画笔填充草图，弄清每个部分是由哪些材料制成的。箭羽是羽毛的，因此要与木质箭身区分开。在不同的图层上绘制每一种材质，以便修改起来更容易（见图02）。

03
刻画木头材质

使用混合画笔绘制出真实的木材材质，它具有与有机材质相同的不规则特性。我使用一个自定义画笔（请参阅本书可下载资源），该画笔在一侧逐渐褪色以产生凹槽和凸起的效果。新建一个图层并来回拖动画笔，直到显现纹理为止（见图03）。确保选中【对所有图层取样】。

04
刻画弓箭细节

分解较大的形状，使其变得更加丰富。我喜欢使用形式感强、能够引起注意的形状。当向特定区域添加细节时，使用条纹将注意力吸引到弓的中心（见图04）。

05
刻画光影

用小画笔绘制剩余细节。有时在使用【选择】工具时，边缘会太尖锐，因此需要取消选择图层并使用小画笔手动调整边缘。使用较低不透明度的混合模式为【变暗】的图层进行绘制，使弓的内侧变暗，以增加体积感。最后，使用【浅色】混合模式的图层调整颜色（见图05）。

匕首

帕维尔·科洛梅耶茨

01
绘制草图

匕首是短的单刃或双刃剑，刃尖或直或弯。用你喜欢的画笔用块面画出初始形状，注意它的形状以及它在空间、透视图的位置，与附近物体的关系等（见图01）。

02
刻画轻金属材质

在【颜色减淡】的混合模式下使用【锁定透明像素】，使用默认的粉笔画笔，并在【画笔】面板中启用【纹理】和【传递】，选择浅灰色，并将【流量】设置为10%~25%，在刀片上绘制出锋利的边缘（见图02）。

03
绘制细节

使用默认的粉笔画笔绘制主要细节，并选择【纹理】（在【颜色减淡】混合模式下）和【传递】（控制【流量】）。参考真正的匕首来绘制合适的细节。即使你所创作的物体并不存在，参考图也能帮助你完成一个可信的设计（见图03）。

04
使用【锐化】工具

我在粗糙的金属表面使用【锐化】工具（工具栏中的三角形）增加了纹理，并使观众感觉到比实际更多的细节。但不要过度使用，因为它会使画面失真，可使用设置了【传递】的柔边圆画笔进行绘制（见图04）。

05
完成细节

观众的注意力很容易被对比度高、边缘清晰、饱和度高的部分所吸引。为了使匕首在画面中变得重要，请使用纯白色高光进行绘制，并使用【锐化】工具对刀片的边缘进行锐化，用高饱和度的颜色来绘制镶嵌的珠宝（见图05）。

科幻手枪

乔纳森·鲍威尔

01
直角设计
使用铅笔画笔和模式设置为【变暗】的污迹画笔，从绘制一条简单的红线开始，设计要装饰的形状和其他突出武器功能的部分。确保你的草图是包含直线和曲线的良好组合（见图01）。

02
刻画线和明暗
将图形转化为带有透视的图，并使用硬边圆画笔和【涂抹】工具绘制明暗关系和材质。这将绘制出一个灰色的轮廓，你可以将其设为【剪贴蒙版】，并继续对武器进行刻画（见图02）。

03
绘制材质
通过使用【椭圆选框】工具、【加深】工具、【减淡】工具和【涂抹】工具模拟绘制两个材质球。在混合模式为【正片叠底】的图层上轻轻绘出手枪轮廓内的颜色和材质。请注意，将手枪的形状区分开且保留为灰色（见图03）。

04
刻画和光线
刻画现有的形状、材质和光线，在冷色调和暖色调之间形成对比。使用【颜色动态】设置为【钢笔压力】的宽材质画笔和污迹画笔来调整边缘，并用混合画笔来绘制更细致的细节（见图04）。

01

02

03

04

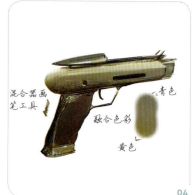
05

05
完成
使用实验性的画笔设置绘制带有纹理的色彩背景，然后绘制蓝色的"全息图"，并复制在【颜色加深】和【线性减淡】的图层上来控制冷色调和暖色调。保存选择，可自由设置你的混合画笔（见图05）。

犄角

玛尔塔·达利格

01
创建角模型

正确建模在这里至关重要。记住，犄角的亮部需要使用 70% 硬度的标准【喷枪】工具在弯曲的地方进行绘制，然后用粗糙的硬边圆画笔绘制弯曲的犄角纹理（见图 01），并将【不透明度】设置为 60%。

02
绘制基本纹理

绘制出犄角的纹理，记住外边缘不应该是平滑或笔直的，而应与模型的曲度相似。在 40% 不透明度下使用【喷枪】工具和粗糙的硬边圆画笔绘制，继续使用【吸管】工具加深阴影并平滑颜色之间的过渡（见图 02）。

03
明暗绘制

逐渐绘制浅色和深色的笔触来描绘出犄角弯曲的感觉。这是绘制犄角如何连接到皮肤的好时机，在犄角的底部绘制圆形的疤痕来添加画面效果（见图 03）。

04
添加阴影

重叠 50% 的透明色块，为犄角的凹凸区域添加阴影和高光。记得选择一个与固有色略有不同的颜色，如在棕色中间调的颜色上使用紫色阴影和浅绿色高光，可使之呈现出多种多样的自然色彩（见图 04）。

05
注意过渡

添加诸如剃光的头发或疤痕之类的细节，合理地让犄角和角色融为一个整体。使用【吸管】工具提取肤色的中间色调，然后使用【喷枪】工具将几乎透明的颜色直接涂在犄角的底部，让颜色有一个渐变。这样可使过渡更平滑，并为犄角增加亮点（见图 05）。

外星语言

奥斯卡·格雷伯恩

01
选择一个主题

追求一个单一的主题可能很困难，所以将两种语言混合再次创建一种新的语言是一个好主意。我想要一种原始的外星人的模样，所以曲线和简单的象形符号应该更适合。我绘制的灵感来自阿拉伯字母和古代苏美尔的象形文字（见图01）。

02
选择一句话

选择你喜欢的字形，并使用【套索】工具将其选出来，然后使用【自由变换】选项来重新缩放、旋转它们。在画布 40% 和 60% 的地方建两个水平参考线（【视图】>【新建参考线】），因此可以将字形放在两个参考线中间的行里，重复几次（见图02）。

03
数量为王

通过竖着阅读文本，可以进一步提升该文字的奇特感。创作两个小字体的句子，并将它们隔开相等的距离，重复步骤 02，让文本更有层次结构，这样会使其显得统一且更加丰富（见图03）。

04
让它独一无二

让墙上布满文字是一个很好的想法，但我们可以做得更好，你可以画出你文字里的故事！绘制两只外星鸟，然后用【椭圆】工具绘制太阳和月亮。你可以绘制完全不同的事物，只要符合你所绘制的主题即可（见图04）。

05
套用

我决定整理一幅旧作，在一些较大的石头结构上添加一些文字作为点缀。通过使用【自由变换】选项中的【透视】来调整文本，使之契合画面中倾斜的曲面。最后，擦除部分文本，并使其看起来有褪色和陈旧的感觉（见图05）。

烟迹

帕维尔·科洛梅耶茨

01
设置工具

设置画笔如【不透明度】100%；【流量】为30%~60%；打开【传递】，然后使用【颜色减淡】模式并打开【纹理】。我们还将使用带有默认粉笔画笔的【涂抹】工具，启用【散布】，将【角度抖动】（在【形状动态】选项组中）设置为100%，启用【传递】，并将强度设置为20%~30%（见图01）。

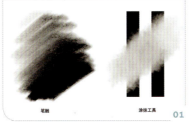

02
开始绘制

现在，我们已经设置好工具，可以在天空绘制烟和雾的痕迹了，这条线从源头开始逐渐消失。让我们自信地开始画出第一笔（见图02）！

03
形状变形

自由变换（Ctrl+T）形状并通过角上的控制柄来挤压变形框（Ctrl+鼠标单击+拖曳）。这是一种快速添加运动透视的方法。这条痕迹的一端看起来更加集中密集，自然地营造出一种方向感（见图03）。

04
打乱轨迹

使用【涂抹】工具添加轻微的流动效果，这样可以在不丢失线连续性情况下破坏轨迹的形状。添加一个【图层蒙版】（【图层】>【图层蒙版】）并使轨迹上的某些部分便细。黑色将隐藏该图层内容，白色则会显示该图层内容（见图04）。

05
添加卫星轨迹

复制（Ctrl+J）多个轨迹副本，并创建较小的卫星轨迹，使其与主轨迹并列。使用【图层蒙版】让副本具有不同的轨迹外观，然后使用【减淡】工具（工具面板上的手形图标）淡化副本（见图05）。

精灵特征

玛尔塔·达利格

01
绘制面部表情

尽早绘制出精灵的面部表情。精灵通常与尊贵、优雅相关,因此略带淡漠和难以理解的表情是一个不错的选择。头部略微向后倾斜,眼睛眯起,目光集中的样子,俊挺的鼻子、丰满的嘴唇及突出的颧骨都是非常经典的形象(见图01)。

02
基本描绘

头发应自然地披落在肩上,经典的造型中不要使用凌乱的发丝和奇怪的发型。耳朵是一个标志性的元素,把它们画成人类耳朵的样子,但是不要画成圆的耳郭,而是画成尖的并以一定角度向上倾斜(见图02)。

03
绘制唇彩效果

自然且没有任何人工着色痕迹的嘴唇,这种风格可以营造出精致的唇彩效果。在最突出的唇部区域添加一些集中的浅色色块,用柔和、透明的喷枪笔触绘制嘴唇和周围皮肤之间的过渡(见图03)。

04
处理头发

绘制头发必须让笔触宽度均衡。从深色的宽笔触开始,在绘制亮部时逐渐使用直径较小的、较轻的笔触,不要在每个地方都画上这种细节,可以用细线(蓝色箭头处)细化某些区域,然后将最亮或最暗的线合并成单个粗线(紫色箭头处)(见图04)。

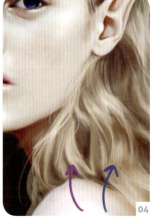

05
添加神奇的触感

要营造魔幻的气氛,就要添加其他的灯光效果。创建一个新图层,并设置为【叠加】、【强光】或【柔光】模式(我使用后者),在角色的外边缘添加浅蓝色的光晕效果,使精灵充满神秘的色彩(见图05)。

外星人特征

玛尔塔·达利格

01
从简单的事情开始
如果你不知道从哪里开始，请先从基本的人脸入手。用粗糙的画笔和蓝色的配色绘制草图，然后使用【变形】工具更改解剖结构。在引人注目的位置使用强光来增强画面效果，如从上方打光（见图01）。

02
致力于一个想法
使用不同形状，看看会发生什么。我开始将它的头骨绘制得更细长，眼睛分开，鼻子逐渐消失，让它向鱼类生物的模样转变（见图02）。

03
进一步设计
当关键形状绘制完成时，你可能会发现自己修改并且丰富了原来的设计及某些细节。设计有无限种可能性，如解剖结构的修改、纹理、颜色的更改，以及改变饰品或盔甲等配饰。通过使用这些技巧来使我的设计更加丰富（见图03）。

04
外星人也是人
我认为用与绘制人类相同的方式来绘制外星人的面部也是一种很好的方法。将其视为具有明确个性特征的人物角色，而不是未知物种，这将为你提供更多有关面部细节和建模的想法。例如，通过结构特征来表达面部表情或特征（见图04）。

05
减淡和加深处理
绘制引人注目的光线时，用【减淡】工具（O）可以带来额外的效果。在平面上用【减淡】工具和【加深】工具分别绘制最亮和最暗的区域，可以使该作品更加立体（见图05）。

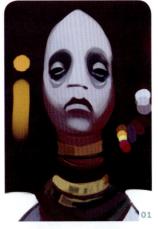

水下效果

奥斯卡·格雷伯恩

01
绘制场景草图

从不饱和的青绿色背景上开始绘制草图，请注意构图。在这里我用石头和鱼作为画面焦点。如果你在此步骤认真地绘制出很好的线条草图，剩下的就简单多了（见图01）。

02
底色配色

你在选择颜色时要注意，水吸收光线中的红光要比蓝光更多，因此你选的颜色应该偏向蓝色。为避免出现单色画面效果，使用中等柔和的画笔在前景中添加少许粉红色和绿色（见图02）。

03
找到光线

光线应该主要来自上方，一些散射光会照射到侧面。将大部分饱和的颜色绘制在光线照射到物体的部分，以避免颜色暗淡、单调（见图03）。

04
营造大气透视和深度感

请记住，光线进入水后会发生散射，因此与干燥的陆地相比，大气透视应该更加突出。使用【套索】工具选出绘图的特定区域，然后使用不透明度较低的绿松石软化笔绘制，营造出深度的错觉（见图04）。

05
刻画细节很重要

使用【仿制图章】工具将一条

鱼复制几次来建立鱼群。使用散点画笔绘制气泡和洋流，为画面增添生气和动感。在一些水生植物上添加色彩细节来引起观众兴趣，同时绘制一些其他的小细节，直到你认为画作已经创作完成（见图05）。

魔法火焰

玛尔塔·达利格

01
绘制火球

改变颜色或形状可以使魔法从火焰中出现。我选择了一种经典的火焰配色与图层混合模式。开始绘制一个圆形的火球，它将成为火焰的"核心"。火球上有向外发散的火焰，还有向内弯曲的圆形及彩色色块突出球体形状（见图01）。

02
设置图层模式

使用同一图层来添加细节，就不需要将图层模式改为【正片叠底】。如果新建一个图层来添加细节，就可以改为【正片叠底】。如果你不喜欢修改图层模式，则可以选择图层模式为【正常】，然后用【减淡】工具来绘制细节以突出高光部分。当我使用喷枪来柔化边缘时，也会使用【中间值】滤镜来增强效果（见图02）。

03
处理火焰

画火焰就像画头发一样，你必须使用长而流畅的笔触，而不是一点点地绘制。使用步骤01中的配色，然后在【滤色】图层模式下绘制基本火焰。我用【不透明度】为50%~70%并启用【钢笔压力】的喷枪画笔来绘制大的流动笔触（见图03）。

04
让它燃烧起来

使用与绘制头发相同的技法在火球上绘制更多的光晕来表现火球周围的火焰。同样地，直径从较大的笔触开始逐渐过渡到较小的画笔，并使用【滤色】图层模式和相同的配色（见图04）。

05
画龙点睛

火焰会对周围的环境产生影响，所以发光的画面效果非常重要。在所有的图层下方新建一个单独的图层，改为【滤色】图层模式，使

用长而流畅的喷枪画笔笔触。笔触不需要笔直，弯曲的笔触更能增加摇曳的动态效果（见图05）。

彩色烟雾

纳乔·亚圭

01
基本颜色和形状

使用基本的硬边圆画笔（Photoshop 的默认画笔），参考真实的烟雾来绘制形态和颜色。烟雾在底部应该更浓厚，而在扩散时应该更稀疏。不要添加太多细节，松散的笔触更适合这种形态（见图 01）。

02
绘制颜色和体积感

对照着你的参考图，并始终牢记烟雾是有体积的，因此光线会与之相互影响。例如，光从金色的火盆中反射回来，这会影响烟雾的颜色，从而让它带有金色的光芒。我使用默认的柔边圆画笔为烟雾添加颜色和体积（见图 02）。

03
使用【套索】工具

继续绘制并确定烟雾体积。我打算用彩色绘制出浓厚而神奇的烟雾。想要有立体的效果，请使用【套索】工具（L）选出一些区域，并增强区域内的明部和暗部。如果边缘看起来太尖锐，可以在下一步中将其淡化（见图 03）。

04
使用【涂抹】工具

烟雾是不断地变化的，这也是为什么你很难看到形状一样的烟雾和坚硬的边缘。使用【涂抹】工具（R）来混合颜色和形状。尝试使用其他画笔，并找到最适合你的画笔。保持烟雾的本来质感，不要太亮（见图 04）。

05
最后步骤

从顶部轻轻擦除，使烟雾更透明，并使用【色彩平衡】（【图像】>【调整】>【色彩平衡】）调整颜色，将烟雾各部分混合。提亮你还不太满意的部分，经过这些调整之后，作品就完成了（见图 05）。

全息图

巴勃罗·卡皮奥

01
准备好图片

这个全息图，我用了一个看起来像是未来地图或数据库的球体，并用 3D 球体的形态来创建，然后将几个图表混合，但是你可以尝试使用自己的图片。如果画面有深度，全息图看起来会更好，也可以使用单色绘制（见图 01）。

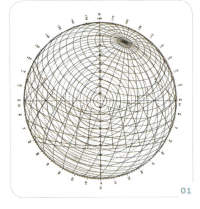

02
添加背景

使用随机背景在场景中展示全息图。反转黑白球体（【图像】>【调整】>【反相】），使其在阴影中为白色。将图层混合模式更改为【滤色】，消除黑色，仅在背景上保留白色。在顶部绘制更多的白色来增加体积感（见图 02）。

03
色彩平衡

调整【色彩平衡】来增加色调，给全息图赋予单一颜色。就我而言，我使用的是蓝色调，但是你应该寻找适合自己的作品色调。这种添加颜色的方式可以保持光照下的白色（见图 03）。

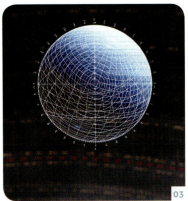

04
干扰和纹理

使用【涂抹】工具会使全息图的某些部分变形，从而产生干扰或复制错误的效果。还可以添加一些颗粒感（【滤镜】>【纹理】>【颗粒】）或擦除全息图的某些部分用细的水平线代替（见图 04）。

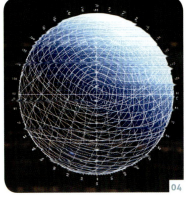

05
绘制光线

新建一个图层给全息图添加一圈光晕，这非常重要，尤其是将全息图合并成一层时，因为光线必须适合环境。从投影全息图的位置新建一个图层蒙版，并为其绘制另一道光源（见图 05）。

魔杖

詹姆斯·沃尔夫·斯特雷尔

01
绘制不同形状

使你的魔杖区别于普通的棍子非常重要。跳过草图步骤，使用【套索】工具（L）绘制不同的简单轮廓，找到你最喜欢的一个魔杖（见图01）。

02
确定固有色

选择好魔杖后，通过按住 Ctrl 键并单击图层缩略图来选出形状的选区。选择后，选择【画笔】工具（B），用适合魔杖及使用者的配色来上色（见图02）。

03
绘制材质

使用【涂抹】工具（R）塑造木材的形态，使其扭曲并呈现出自然的效果。我在此步骤删除了一些不想要的纹理，并添加了一些复杂的装饰。这个时候不需要过多地关注细节（见图03）。

04
绘制细节

使用污迹画笔来绘制细节以显示出材质。这种画笔具有随机效果，不需要你刻意绘制，就可以使画面呈现出自然的效果。在绘制的笔触上刻画木材细节，我想让它看起来很陈旧，所以我绘制了裂缝还添加了一些小孔，然后使用编织效果的手柄来突出特点（见图04）。

05
让它"活"过来

光线和细节都已经让它栩栩

如生了，你可以通过调整光照效果（【滤镜】>【渲染】>【光照效果】）来改变灯光效果。边缘的蓝色光可以使其外观更柔和，也能更好地突出形状。调整照明和高光，让魔杖更加光亮，但不要让高光太亮，不然就失去了木头材质的质感，请谨慎使用。细化轮廓并清理干净其余的混杂部分，魔杖绘制完成（见图05）。

超级激光

贾斯汀·阿尔伯斯

01
绘制主要形状

使用深色背景进行对比，用启用了【传递】（【画笔】面板中可以找到）的楔形画笔来绘制喷射器。用【传递】和【流量】设置为 50% 的喷枪将激光绘制成黑白二色，并确定明暗关系（见图 01）。

02
使用渐变映射上色

新建一个【渐变映射】图层（【新建调整图层】>【渐变映射】），在激光图层上方和渐变映射图层之间按住 Alt 键并单击，创建剪切蒙版。设置渐变颜色从最暖的白色到暖蓝色，再到冷蓝色，最后到紫色。使用分形画笔绘制纹理，使用线性光和喷枪来擦除错误部分（见图 02）。

01

02

03
增加趣味性

使用启用了【传递】的喷枪画笔来绘制动态的闪电，改变线条的压力。复制渐变映射图层并使用剪切蒙版将其剪切到闪电图层。在有渐变映射模式的圆形选区中绘制冲击波。使用【编辑】>【变换】菜单来改变透视，然后复制图层，使用【滤镜】>【高斯模糊】菜单制作一个低不透明度的大圆环（见图 03）。

03

04

04
整体色彩调整

将冲击波的颜色改为黄色到橙色的渐变，从而让发射器有更加丰富的效果。新建一个【颜色减淡】图层，使用喷枪以 100% 不透明度将其漆成纯黑色。将不透明度降低到 30%，并使用【吸管】工具从光束中选择一种蓝色，使中心光束更亮（见图 04）。

05

05
画龙点睛

通过【线性光】图层为激光器的边缘添加暖色，以增强对比度。然后绘制灰尘、划痕和斑点，就好像激光已经将某些东西燃烧蒸发一样。最后，使用【滤镜】>【模糊】>【动感模糊】菜单使其变得有些模糊（见图 05）。

传送门

托马斯·斯图普

01
制作自定义形状

要制作自定义形状，可用参考图，然后将其去色（Ctrl+Shift+U），再使用【色阶】（Ctrl+L）进行调整。现在选择【魔术棒】工具，在选出黑色区域上右击，然后选择【建立工作路径】菜单，再单击【编辑】>【自定义形状】菜单，使其成为可重复使用的自定义形状（见图 01）。

02
绘制场景

选中【自定义形状】工具（U）后，选择刚刚制作的形状并填充场景。在几个单独的图层上重复此操作，以确保有前景、中景、远景图层（见图 02）。

03
上色

通过设置单独的图层，你可以轻松地绘制一些颜色来营造气氛。你可以通过选择正确的图层并按"/"键来使用【锁定透明像素】功能。如果在这一图层上绘制，你的笔触不会超出该图层已有的区域，从而保持形状不被改变（见图 03）。

04
绘制传送门

传送门的框架已经绘制好了，现在你可以绘制一个代表传送门本身的光面。新建一个图层，并将混合模式设置为【颜色减淡】，然后画成红色，与环境形成鲜明对比（见图 04）。

05
点亮环境

新建一个新的【颜色减淡】图层来照亮环境，实际上就是让传送门发光。我使用与之前一样的自定义形状，绘制一个太空船，并将它的一半放置在传送门入口处，以显示传送门的功能（见图 05）。

奇幻翅膀

玛尔塔·达利格

01
形状是关键

绘制翅膀的秘诀就是结构。任何没有纹理的画笔都可以用来绘制，我使用的是硬度为 70% 的默认喷枪画笔。按照翅膀的形状，画出平行线，以标记交叉脉络和分岔的小的垂直脉络（见图 01）。

02
添加高光

高光决定了蜻蜓翅膀的绘制成败，在【滤色】图层混合模式下，使用具有低不透明度的硬边画笔在较小色块中添加不同的光色彩。不要让光点重叠，它们的形状应该边缘清晰，轮廓分明（见图 02）。

03
光滑、粗糙、非常粗糙

除了翅膀本身，翅膀如何与身体结合也非常重要。它是光滑的、自然的、凹凸不平的还是粗糙的呢？示例中，与翅膀相连接的肌肤是凹凸不平的。我给这部分皮肤绘制了较深的颜色，因此看起来有点瘀伤，不大舒服（见图 03）。

04
复制粘贴

绘制翅膀很耗时，因此不要因为复制、粘贴图层并对其进行编辑而感到内疚。要绘制翅膀的下部，我使用了【变形】工具来修改复制的上部翅膀的一部分，因此看起来并不像是复制过来的（见图 04）。

05
完成

复制和粘贴第二对翅膀，并使用【变形】工具改变其形状，使它们变暗，放在原来的翅膀的下方。通过第二对翅膀来表现原始翅膀的半透明性，然后将其移动到原始翅膀的顶部。选择【创建剪贴蒙版】和【滤色】混合模式，使用【不透明度】为 30%~50% 的近乎白色的喷枪画笔来绘制黏液等特殊效果（见图 05）。

机器人伤口

乔纳森·鲍威尔

01
引导绘制轮廓

绘制一个简易的草稿，并将该图层混合模式设置为【正片叠底】。使用Ctrl+M快捷键进行调整，使线条变得规整清晰。然后绘制一个灰色的轮廓，将所有图层剪切在一起（【图层】>【创建剪切蒙版】）（见图01）。

02
绘制材质

在设置为【正片叠底】的新图层上，使用设置了【颜色动态】和【钢笔压力】的画笔绘制机器人材质。这样一来，你就可以一次性地绘制过渡颜色、光线和材质，这会使其更加丰富（见图02）。

03
制作生锈和刺伤效果

若要绘制伤口的细节，请按住Ctrl键并单击图层，选出图层中的剪影选区再进行绘制。使用启用了【颜色动态】的画笔绘制一些锈迹纹理及深蓝色的刺伤。使用【混合】画笔绘制冷金属的高光（见图03）。

04
细化处理

新建另一个【正片叠底】的新图层继续绘制，突出阴影并绘制更多的凹痕。尝试按下Q键并绘制，快速地绘出选区，再次按Q键释放，并按Ctrl+Alt+I快捷键反转选择，然后在选区内绘制，别忘了用红线修复设计（见图04）。

05
完成

现在，你可以看到最终的轮廓是由磨损的电线堆叠而成的，细节则是一层层精细刻画完成的。考虑一下色彩对比度和设计的分辨率，然后继续。这里没有秘密，只有更多的耐心，记住一定要借助大量的参考资料来绘制（见图05）。

闪亮的盾牌

詹姆斯·沃尔夫·斯特雷尔

01
用选框工具绘制草图

使用【椭圆选框】工具和【描边】选项在平面视图上快速而准确地创建圆环形状。之后使用【自由变换】中的【斜切】选项使其倾斜并有用一定透视，然后在有鳞片的表面绘制圆孔（见图 01）。

02
填充颜色

用纯色绘制每种表面材质，将金属保留在一个图层上，而将缩放的面留在另一个图层上。将缩放后的面填充较深的颜色，让它处在阴影下（见图 02）。

03
添加闪光的鳞片

用画笔来绘制间距较大的鳞片，按住 Shift 键的同时向下拖动画笔以保持笔触垂直，重复此操作，直到你有一整片鳞片。使用【自由变换】选项将其放置在盾牌的表面上，擦除超出的部分。绘制高光和阴影来改变过于均匀的纹理（见图 03）。

04
使其发光

选中新的图层，单击【选择】>【色彩范围】菜单，在弹出的窗口的【选择】下拉列表中选择【高光】选项，调整滑块，直到仅高光可见，然后单击【确定】按钮。用粉红色填充此区域，并将该层混合模式设置为【叠加】，然后在【图层】面板底部选择【添加图层样式】>【外发光】菜单，调整选项，直到高光周围出现朦胧的光晕为止（见图 04）。

05
画龙点睛

继续在【叠加】图层上绘制高光，增强对比度。降低较暗区域的饱和度，并使用有斑点的画笔为中间色区域绘制光泽。最后，在场景中添加薄薄的光晕来提升光泽度（见图 05）。

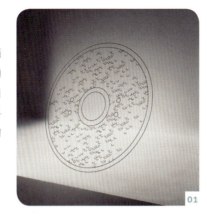

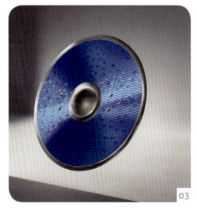

魔法药水

詹姆斯·沃尔夫·斯特雷尔

01
绘制草图

药水通常装在各种不同的瓶子里，我选择了一个球形的瓶子来获得经典的手工质感。为了让它更丰富，在瓶子周围绘制一些麻线，可增加物品手工制作的性质，并使其更逼真（见图01）。

02
绘制内容

为了绘制液体，想象画面中没有玻璃，并绘制一个实心的红色球体。简化元素会让你在绘制时更容易掌握，如果一次画得太多将会令人难以承受。在一个单独的图层上绘制麻线的底色（见图02）。

03
给玻璃上色

在液体上绘制玻璃。如果你不知道如何绘制玻璃瓶，请记住，玻璃是固态的，如果移除反射光，你会注意到它有一个和液体一样的厚的形状。把玻璃瓶涂成白色是一个常见的错误，因为玻璃的颜色和它周围的颜色相似（见图03）。

04
绘制反光

现在已经有了一个粗糙的玻璃瓶，你可以给它添加反光，为环境设想一个光线，并将其投射在玻璃瓶上。在我的画面中有一个光源，是从窗户进来的。记住，玻璃瓶是圆形的，所以反射光是鱼眼形态。使用纯色绘制反射光，然后在【叠加】图层上绘制细微的反射光（见图04）。

05
营造效果

一旦你有了基本图形，就可以绘制更多的细节，给画面添加一些效果。用圆形的刷子轻轻绘制出气泡，使其看起来像是化学反应。最后，用柔边毛笔画笔绘制烟雾，要使它看起来有丝状感，然后用【涂抹】工具进行涂抹修饰。这样一来，你的魔法药水就画好了（见图05）！

通信装置

托马斯·斯图普

01
绘制轮廓

限制自己仅使用线条来绘制设备的外形。由于该设备是由固体材料制成的背包，因此请顺着使用者的背部线条进行设计。在空白区域添加线条和按钮，并赋予其功能（见图01）。

02
添加颜色

有了线稿之后，你就可以专注于上色了。给不同的区域涂上不同的颜色和亮度以便让形状更加清晰。确保每种颜色都在单独的图层上，这样下一步操作就会更简单（见图02）。

03
绘制材质

在【颜色】图层上方新建一个【颜色减淡】图层来绘制高光，再按住 Alt 键单击，将【颜色减淡】图层剪贴到颜色图层。在【颜色减淡】图层上绘制的所有内容都会在【颜色】图层已经绘制的范围内。选择合适的颜色（灰蓝色适用于本例）开始绘制（见图03）。

04
刻画阴影

绘制阴影和暗部的反光。暗部在金属上非常重要，可以区别出不同的材质。用绘制高光的方式来绘制暗部，但是需要将混合模式设置为【正片叠底】（见图04）。

05
绘制细节

现在是时候删除基本的线稿并绘制一些细节了，如全息影像。我通常使用【颜色减淡】混合模式的图层来绘制光线，它非常适用！我还绘制了一个人将设备像背包一般背着的草图，来展示其佩戴方式（见图05）。

通信装置 **77**

盔甲头盔

帕维尔·科洛梅耶茨

01
绘制基本大形

快速绘制基本色块来确定头盔的配色、明暗、光线、材质和形状，这将使之后的步骤更加容易，因为许多方面都已经设定好了，你可以按照自己的决定进行绘制。打开【拾色器】窗口（单击【设置前景色】框）选择颜色并开始绘制（见图01）。

02
绘制主要形状

开始绘制主要的形状，要考虑3D形态效果及与环境之间的关系。想象一下，从底座凸起的盔甲外观形状是如何捏出来的，这是一种更具雕塑感的绘画方式（见图02）。

03
绘制金属材质

开始绘制金属面的时候看起来很难，其实它是最容易表现的材质之一。通过增强高光的锐度和亮度，添加部分浅色反光来获得金属感。记住，保持画面效果一致非常重要（见图03）。

04
设置颜色变化

在绘制较小的细节时，你可能希望添加颜色的变化来丰富画面。将颜色面板切换成HSB模式，在绘画时调整H（hue）滑块。你也可以在【画笔】面板中启用【颜色动态】（在色相上选择3%~8%）（见图04）。

05
完成细节和锐化工具

在某些区域使用【锐化】工具（R）。它有助于绘制出更多的细节痕迹。使用硬度设置为50%的柔边圆画笔，并启用【传递】。注意不要过度使用它，因为它可能会绘制出不太合适的效果（见图05）。

华丽的盾牌

帕维尔·科洛梅耶茨

01
绘制基本大形

确定盾牌的形状，遵循正确透视中的 3D 形态，并设置正确的光线。使用有纹理的默认粉笔画笔（【颜色减淡】模式），并启用【传递】（控制画笔流量）来绘制形状。为了表现出粗糙的金属材质，请选择不规则形状的画笔，并在【画笔】面板中设置双重画笔，用它来绘出斑驳的外观。（见图 01）

02
绘制主要细节

形状一旦绘制完成，就可以开始添加主要的细节了。继续使用默认的粉笔画笔，启用【传递】（控制流量）和【纹理】（模式设置为【颜色减淡】）。首先在一侧上绘制装饰物的形状，然后将它复制到另一侧（见图 02）。

03
减淡和加深处理

使用【减淡】工具或【加深】工具（按住 Alt 键单击进行切换）调整和形状和增强光线。注意不要过度加深或减淡画面中的颜色和明度。一种不会破坏原本画面的方法是在盖印层上使用黑色（加深）和白色（减淡）进行绘制（见图 03）。

04
绘制体积感

如果在单独的图层上绘制体积细节，有一个不错的技巧是使用复制图层（【图层】>【复制图层】）并使用【曲线】（【图像】>【调整】>【曲

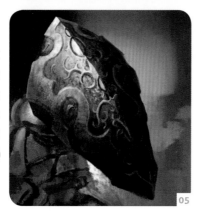

线】）使底部的副本变暗，或者设置其混合模式为【正片叠底】。现在将其放大，就可以看见阴影出现了（见图 04）。

05
上色并绘制细节

在新图层为你的盾牌涂上一层纯色，然后将混合模式设为【叠加】、【强光】或你喜欢的其他模式。使用【色相/饱和度】（Ctrl+U）调整颜色，添加最终的细节效果（见图 05）。

人体艺术

帕维尔·科洛梅耶茨

01
绘制清晰的人物

在你绘制任何符号之前,我建议把所有的文身符号放在不同的图层上,并且先绘制角色(见图01)。

02
绘制图案

要确定你想绘制哪种人体彩绘,在皮肤上占据多大的面积,它是否有特定主题的?你可以通过复制和变换(【编辑】>【变换】)来绘制一个复杂的图案。尝试不同的变化(见图02)!

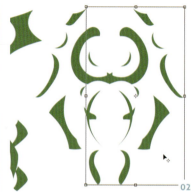

03
混合选项

将文身绘制在角色图层的上一个图层中,双击图层以调出带有【混合选项】的图层样式面板。顶部的滑块代表当前图层的不透明度范围。底部的滑块代表其下图层的不透明度范围。拖动滑块以选择蒙版明度值范围。使用Alt+拖曳下方的形状可创建透明渐变(见图03)。

04
剪贴蒙版和叠加图层

新建一个设置为【叠加】模式的图层,然后在两个图层之间按住Alt键并单击以创建剪贴蒙版(或者选择【图层】>【创建剪贴蒙版】)。选择柔边毛笔画笔的【加深】工具或【减淡】工具,用黑色或白色来加深或减淡绘制的图案,使其有合适的形状和明暗效果(见图04)。

Step 05
画龙点睛

通过新建的图层来调整颜色,在它和原图层之间按Alt+单击来创建剪贴蒙版,然后将混合模式设置为【颜色】或【色相】。你可以使用【柔光】或【叠加】来绘制纹理。使用图层蒙版(在图层面板上选择【添加图层蒙版】)增加粗糙和腐蚀的质感。使用粗糙的纹理画笔来隐藏和显示该图层,并绘制出一些小瑕疵(见图05)。

科幻飞行器

乔纳森·鲍威尔

01
绘制基本草图

快速地勾勒出最基本的解剖结构和透视图。我使用基本的铅笔画笔，并使用【涂抹】工具以 99% 的强度涂抹线条（尝试对比使用和不使用【变暗】的两种情况）（见图 01）。

02
设置明暗关系和线稿

从这里开始绘制灰色的轮廓。使用【椭圆】工具创建一个螺旋桨，然后使用【变换】(【编辑】>【变换】或 Ctrl+T) 以调整它的透视。在此阶段，应认真考虑设计结构和透视。绘制一边的螺旋桨，并复制它放在另一边（见图 02）。

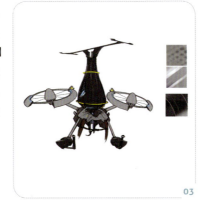

03
绘制材质

在之前的轮廓上，用各种较暗的颜色绘制不同的材质。可以在侧面使用画笔、变形和【模糊滤镜】快速绘制出材质样本。我使用黄色、蓝色、深灰色、中性灰色及暖色调颜色（见图 03）。

04
滤色、正片叠底和线性减淡

光和影相辅相成的。使用图层模式并在【颜色动态】中选择【钢笔压力】，绘制有动感的冷光和温暖的阴影。使用【滤色】模式来绘制光线，用【正片叠底】模式来绘制阴影，并用设置成【线性减淡】的柔边圆画笔在图层上绘制（见图 04）。

Step 05
刻画细节和高光

使用设置为 90% 湿度、0% 混合和 100% 流量的小型混合器画笔来绘制细节和光线。根据需要切换启用或取消【对所有图层取样】。你所需要的就是专注于形态和光线，以及对成功的渴望（见图 05）。

电线

乔纳森·鲍威尔

01
简单的开始

从俯视图开始，按 Ctrl+T 快捷键使用变形来调整桌面的透视。使用【椭圆选择】工具、画笔及橡皮来完成绘制。使用【涂抹】工具绘制桌腿的轮廓（见图 01）。

01

02
配色

现在是时候上色了。因此，新建一个图层，选择线条所在图层（按住 Ctrl 键并单击该图层），然后开始绘制。在此阶段，我发现重叠形状对添加阴影非常有帮助，你可以在下面的【正片叠底】图层上进行操作（见图 02）。

02

03
绘制材质

在新图层上，使用水状纹理的画笔，启用【颜色动态】来在选区中绘制桌面。使用【减淡】工具来绘制高光，并使用【涂抹】工具在表面上优化纹理。对于电线本身，使用加深或减淡来增加效果（见图 03）。

03

Step 04
绘制背景和高光

使用【动感模糊】滤镜绘制抽象纹理，得到更好的背景效果。新建一个【滤色】图层（【图层】>【新建】>【图层】>【滤色】），然后使用【渐变】工具突出桌面。绘制电池，并突出各色电线上的亮点（见图 04）。

04

05
完成

到这一步，一切都已经整理好了，但为了好玩，我决定抛下一些悬挂的电线。你可以使用混合器画笔来绘制电线的高光处，该画笔会对明暗对比效果好的内容进行采样。使用【颜色减淡】或【加深】工具来突出这些对比（见图 05）。

05

假肢

乔纳森·鲍威尔

01
设计草图

用污迹画笔使用黑白两色来进行绘制，然后用红色的线条将其组织起来。我自己做模型，添加了一个酒杯，并绘制了一个手指握住杯子的分解草图。需要考虑手臂的功能结构（见图01）。

02
混合器画笔

混合器画笔的作用在于它可以很好地绘制出标注即形状、材质和光线，因此你可以确定不同的元素并进行细化。我选择了想要的材质和草图设计，继续使用红色线条来整理思路（见图02）。

03
添加角色

我想要一些环境的支持，所以添加了一个女性角色，但是要注意画法、解剖结构和姿势。使用【减淡】工具、【涂抹】工具、纹理画笔和【加深】工具。纹理画笔和柔边画笔之间的对比非常重要（见图03）。

04
刻画光线和色彩

使用纹理画笔、柔边画笔、混合器画笔、【正常】及【正片叠底】的图层混合模式来绘制身体的形态。这不仅可以增强明暗效果，还可以显示出材质。在假肢上绘制阴影和高光时也用这种方法（见图04）。

Step 05
完成

快速绘制深灰色背景并涂抹颜色来进行构图。在角色的顶部添加一个【滤色】图层（【图层】>【新建】>【图层】）来柔化画面中的女性角色，并修复假肢上的瑕疵，同时在手上添加一点黄色（见图05）。

角色部分

了解艺术家是如何以角色为中心绘制科幻和奇幻场景的。

艺术家通过 Photoshop 开发了多种风格的绘画技术。当你刚刚开始学习如何使用 Photoshop 时,想要达到同样的水平并开发出自己独特的风格可能会非常困难。在本章中,你将了解 7 位艺术家如何以一系列以中心人物为主的创作作品的详细教程。艺术家将与你分享创作过程,以及一些有用的提示、技巧和方法,可以用它们来绘制有一个角色的科幻和奇幻的插画,在你的创作道路上,也会用到这些技巧。

精灵战士

在简单的奇幻场景中绘制光影

温迪·尹

在本节中,我将介绍在林地中创建一个以精灵战士角色为主的奇幻场景所需要的基本工具和技巧。在整个绘制过程中,我会将重点放在光影和色彩上,并且讲解如何使用它们来表现奇幻场景中的元素。这些元素之所以很重要是因为光影不仅可以表现形态,还可以表现我们周围点点滴滴的视觉信息。我们看到的颜色和周围的各种物品的材质,都取决于光对它们的影响,是光照亮了它们。

我想向你展示一些不同的方法,你可以借助光的特性来增强艺术作品中的材质的表现,这也能使你更加了解光的特性。我还会分享一些常使用的 Photoshop 工具和技巧。

我的步骤是从最初的黑白构图一直到最后作品完成。在此过程中,我将演示如何使用光影来表现形状,以及光是如何使画面更加清晰,观看起来更加容易理解。在本例结束时,你应该已经很好地掌握了如何用一种适合的方法来绘制插画。我真的很喜欢创作这样的作品,希望在使用光影和颜色来增加作品

效果的时候,你也会感到同样多的乐趣。我们开始吧!

Step 01
绘制黑白草图

从一个小的黑白草图来绘制你的作品,寻找画面的构图。这一步的目标是以一种有趣又吸引观众的方式分割画面。当你进行构图时,记住保持简单随意的形状,因为过早地设计细节很容易让你迷失方向。

我通常会先浏览几个不同的缩略图,然后再选择其中一个作为首选构图。请记住,此过程以后是可以进行修改的,只要你不想因为一个不好的构图停滞不前。想让画面活过来,人物的姿势极为重要。对于这张图,你可以通过抓住角色的瞬间使创作的画面更为丰富。这立即产生了动感,并且还让画面有了叙事性(见图 01)。

Step 02
简单的线稿

选择你想要的构图缩略图草稿,看哪个可以达到想要的效果,你可以继续绘制简单的线稿草图,

▲ 使用缩略图草稿确定构图和角色的动作 01

然后将此草稿用于之后绘图的指导(见图 02)。

在此步骤中,角色的解剖结构和场景的透视必须准确,这一点很重要。基础不正确会破坏全部画面。研究参考资料并使用本书艺术基础部分(第 30~37 页)中的技巧,可帮助你绘制出正确解剖结构和透视。

▲ 线稿将引导接下来的绘制　02

使用小像素直径的画笔来描述场景，然后将其用于草图叠加。虽然你已经绘制出了大部分设计，但是它仍然非常随意潦草。在绘制背景时，请注意采用重叠形状以丰富视觉效果。你需要确保有足够的内容可以吸引观众的注意力。不要在构图中留下让观众的目光"离开画面内容"的空白区域。

Step 03
设定配色

将草图图层设置为【正片叠底】，并将【不透明度】设置为30%。这样的不透明度可以使你在绘制的时候看到草图。我在草图图层下新建了另一个图层来设定画面的配色，并用绿色、黄色和棕色等暖色调的固有色来绘制。

从背景开始绘制，这将帮助你设定奇幻的环境。因为环境会影响身处其中的角色的设计。为场景中的每个元素创建单独的图层，从背景开始，然后到树元素、森林、地面，最后是角色本身。

现在，你可以使用大笔触来绘制天空、树木和地面。使用各种纹理画笔将有助于打破此绘画阶段可能会有的单调感（见图03）。请记住，在这个阶段你可以画得很杂乱。对于图像的优化将在稍后的过程中进行。

Step 04
上色

现在，你已经设定好了图像的配色。是时候在上一步创建的图层中开始上色了。在这里，你可以优化构成场景的所有单个元素。

由于画面的背景上已经填充了基础颜色，因此你现在可以专注于给角色上色，为他的脸部和服装添加一些细节。绘制出深浅色调，即可快速地添加一些"精灵"的特征，

> "你现在可以专注于给角色上色，为他的脸部和服装添加一些细节。"

如尖耳朵和长发。

在此阶段，用一些非常基本的不同明度值的颜色进行绘制也十分有用。明度值是颜色的明暗程度（请参阅步骤07中的更多信息）。这种方法可以快速地将画面中的不同元素区分开来，并绘制出这些元素的相对位置。例如，通过明度值你可以绘制出系在角色腰部的布料与它自身重叠的样式。将这些加进画面，就给他的服装添加了层次感（见图04）。

▲ 使用大笔触上底色　03

▲ 使用明暗关系绘制画面　04

精灵战士

▲ 确定光源，绘制阴影　　　05

▲ 根据表面的散射光提亮面部和耳朵　　　06

Step 05
绘制光线

一旦确定了简单的明暗关系，就该确定画面中的光源以及它的照射方向了，这将进一步完善场景，这也可以让你确定光影在画面中的位置。对于本例的场景，我将光源定为自然光，它是从观众身后，即镜框左侧的某个地方照射过来的。

你还应该进一步完善背景，绘制树叶和树枝的细节。现在这些已经完成，你可以根据这些环境的影响来绘制光线。因为角色正在穿过森林，所以适合重现斑驳的光影效果。斑驳的光是阳光穿过树冠的结果，形成光和影的"斑点"图案。使用这种光照效果来设计影响角色及其环境的光影形状。

除穿过树冠的阳光外，你还需要考虑其他的次要光源，如补光（较亮的阴影区域）和反射光。在这种情况下，补光具有从天空反射到阴影区域的蓝色调。绘制的阴影永远不应为纯黑色，因为它们来自不同的光源，因此由不同的深色调组成（见图05）。

Step 06
绘制皮肤和表面的散射光

现在看一下脸部，考虑如何才能将其绘制成更接近真实皮肤的质感。皮肤是半透明的，允许光线进入并照亮它，由此产生的辉光称为地面散射。当你将手伸向太阳光时，这种现象最为明显，你会发现手指的边缘皮肤被从背后来的光照亮，并呈现出红色。要显示出角色具有精灵的代表性特征，就要展现其耳朵的上部和内部非常薄的部分，甚至可以透光。在耳朵的固有色上绘制越来越亮的笔触，从而产生表面散射的效果，并在内耳出现红色发光的效果。

确定脸部的其余部分，在鼻梁、颧骨和额头上绘制高光。这些是在绘制脸部时要突显的关键区域，因为它们是脸部突出的部分，通常会反射较多的光线（见图06）。

▲ 根据黑白图层可快速调整明度　07

▲ 绘制出武器和布料的质感可让画面更逼真　08

Step 07
检查明暗关系

经常检查明暗关系很重要，可以防止画面变得过于混乱。请创建一个黑白调整层（【图层】>【新建调整图层】>【色相/饱和度】），然后将【饱和度】滑块向左滑动至-100，并将图层移至所有图层的顶部。这会将画面变为灰度图像，可帮助你更好地查看明暗关系。在继续绘制的过程中，请时常打开或关闭该图层的可见性，以确保你所做的修改有助于改善整个画面的效果。你需要做出明智的选择，确定在哪里绘制明部和暗部，以便提升整个画面的效果（见图07）。

你不会想让所有的明度值都在同一范围内，因为这意味着画面中没有可以进行对比的区域，而对比会让画面更丰富（请参阅第158页上的更多提示）。随着你更好地了解明暗关系，可不需要频繁使用该功能，因为观察明暗关系将成为你的第二天性。我的目的是使角色与背景分离，而不会让人觉得角色像是漂浮在背景前面的。

Step 08
绘制武器和材质

当你对画面中角色和背景的关系感到满意时，就可以继续细化角色的其余部分。在画面中有很多不同的材质，因此在这一步，我们将重点介绍盔甲和布料，然后再继续细化其他类型的材质。

完成角色的武器形状设计，注意在网上寻找好的参考资料，这将指导你将剑刃画得更真实。还要处理一些区域，如刀面和靴子，提升它们的清晰度。然后在靴子上绘制一些深色痕迹，塑造材质褶皱的质感，并调暗它们的明度，使其具有更深的色调，能从背景中脱颖而出。

接下来，在角色的服装布料上进行绘制，如斗篷和腰带。布料通常没有非常突出的高光，除非它像丝绸或缎子那样特别有光泽。在这种情况下，布料是柔软的，明暗区域之间应具有平滑的过渡（见图08）。

精灵战士　89

▲ 为刀面和盔甲添加漩涡形的装饰，强调精灵的贵族身份　09

▲ 用众多的植物营造出森林的氛围　10

"在刀刃上添加非常亮的高光，使人们对武器的形状和尺寸有所了解。"

Step 09
绘制金属

在对角线上绘制，可以切割角色胸口部分的空白区域，从而增加更多的视觉效果。精灵经常被绘制得非常华丽。为了表现出这种效果，可以在精灵的刀面上刻画一些螺旋状的花纹细节，同样也对盔甲的肩膀和前臂进行刻画。然后在刀片的刀刃上添加一个突出的高光，从而突出武器的形状和尺寸。

给刀的背面绘制一片阴影，因为这部分不是正对着光线的。考虑盔甲的表面会随着时间的推移，以及反复使用出现被磨损，而失去一些光泽。盔甲表面越粗糙，光的反射越柔和，因此请注意不要将其表面画得太亮（见图09）。

Step 10
完善背景

你可能会发现，与角色相比，场景的背景看起来有点单调，因此你现在应该将重点转移到场景上，刻画场景的其他部分的细节使之成为一个整体。通过在背景上绘制更多树叶和树枝，营造出茂密森林的视觉效果（见图10）。

你的想法有时会在创作过程中发生改变。例如，在检查灰度图层之后，我决定让天空与树之间形成更强烈的对比。我最初想让该场景落有一地的树叶，但将其更改为满是青草的地面了，这将有助于突出森林的主题。尽量不要太拘泥于最初的草图，如果发现会使场景更丰富或更引人入胜的内容，也不要害怕与其相结合。

Step 11
盔甲磨损及更多细节处理

盔甲磨损和战斗损伤是额外的细节，加上它们可以让画面更具可信度。你需要考虑的重点是：角色的哪个部位最有可能在战斗中受到攻击？盔甲或服装的哪些部分会遭受最大的磨损？

在斗篷和腰带的边缘上绘制一

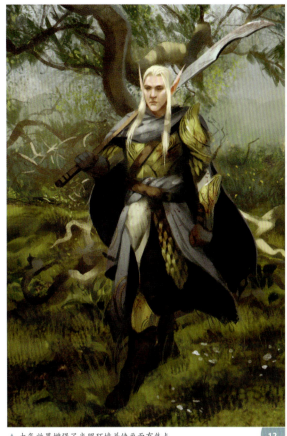

▲ 灰尘、划痕和凹痕让精灵的盔甲看上去更有年代感 11 ▲ 大气效果增强了光照环境并使画面有焦点 12

些磨损的线条。因为这些区域可能会被荆棘和灌木刮伤。还应考虑在盔甲上绘制凹痕和划痕的区域，尤其是护肩、胸甲和腕甲。绘制一些血迹来丰富画面，因为这个角色也许最近正与一个讨厌的生物对峙。我注意到他的右耳和武器的刀刃之间有一条切线，造成了视觉上的紧张感，所以我稍微将耳朵伸长了一点来解决这个问题（将图10中的耳朵与图11中的耳朵进行比较）。

Step 12
创造气氛效果

现在场景终于成了一个整体，你可以快速添加大气效果以进一步增强明部。使用不透明度为18%的渐变工具（特别是线性渐变）可以快速"冲洗"出角色后面的光线。这会导致背景变得有些朦胧，然后用柔和的黄色增添一些温暖的感觉。

将图层模式更改为【柔光】并使用喷枪对不需要聚焦的区域进行模糊处理。此效果还可以模拟空气中的雾气。用有斑点的画笔绘制一些穿透树叶的阳光所照亮的灰尘颗粒（见图12）。

Step 13
使用【颜色减淡】模式

【颜色减淡】模式是一种给画面添加照明区域的简便方法。使用

> ✿ **专业提示**
> **从生活中学习观察**
>
> 注意周围的世界，观察光与环境的相互作用。在阳光明媚的日子到户外去，看看周围环境中所有光线反射的方式。例如，查看从草地反射到房屋侧面的光线，或者看看汽车表面反射高光的方式。
>
> 尝试在各种表面上寻找细微的颜色差异。作为一名艺术家，建立灯光和色彩的视觉库非常重要。你还应该进行研究，看看其他艺术家如何在他们的作品中创作不同的主题。

▲ 颜色减淡（Color Dodge）是一种多功能工具，可以提高明部的亮度（如高光）。　13

▲ 调整图层可以让你对画面中已经存在的颜色、明度值和色调进行无损更改　14

设置为30%的低不透明度的喷枪在盔甲和武器上绘制更多的光斑。着重绘制光线最充足的区域，如胸部的凸起部分、臂章和护肩。将画笔的颜色改为浅粉红色，并在他的耳朵和脸颊之间的区域使用【颜色减淡】模式进行绘制。这样既增加了地下散射效果，还可以增强饱和度（见图13）。

Step 14
颜色调整

现在，你可以做一些调整来增强已完成的画面的效果。我使用了几个不同的调整图层，包括【色阶】、【色彩平衡】和【渐变映射】。使用调整图层是一种很好的不需要

"很棒的是，你已经设定好了所有的颜色和明暗关系，所以你可以从已经绘制的区域中取色。"

破坏原图的方法，可以在不更改原始文档的情况下进行修改。

首先用【色阶】调整图层来微调对比度，使场景更为明亮。然后在【色彩平衡】的调整图层上，减少一些蓝色调。你可以将红色和黄色滑块移到超过蓝色，就可以使画面色调变暖。我在【不透明度】为8%的【叠加】图层上使用了红色和蓝绿色的渐变映射来增强红色调（见图14）。

Step 15
最后的修改

我们还需要进行一些细节的绘制来填补画面缺失的地方。前靴和裤子看起来有点平整，所以我继续绘制它们，让它们更有特点。我还在一个图层上绘制了有草的环境。如果画面看起来有些过于红，则可以返回到【色彩平衡】调整图层将滑块拨回去。

很棒的是，你已经设定好了所有的颜色和明暗关系，所以你可以从已经绘制的区域中取色。我很喜欢这一步，因为我不需要思考太多，而且我可以从所做的事情中获得乐趣。做最后的润色，让画面适合屏幕大小，然后使用【USM锐化】滤镜使细节锐化。最终效果如图15所示。

▲ 效果图

巨大的怪物

西纳·帕克扎德·卡斯拉

概念艺术家和插画师

在这个实例中,我将向你展示如何使用透视图在史诗般的幻想插画中绘制令人信服的超大尺寸的大规模场面。我们将绘制一个巨大的像人一样的生物,它正横跨两个山坡,朝着一个小村庄前进。

在开始绘制之前,先问问自己,你是怎么看待这个怪物的?你是从后面看到它离开村庄,还是作为威胁朝着正面走来?你应该将它放置在背景还是前景中?我倾向于将怪物放在背景中,并使它尽可能地放大。我还决定在构图的前景处绘制一些村民和警卫人员,以更好地凸显出怪物与其周围环境之间尺寸上的巨大差异。

本节将从基础知识开始讲解,我将解释创作过程的每个步骤,让你可以轻松地理解我是如何创作数字插画或者绘画的。我将演示如何绘制一个好的构图,选择正确的画笔和基色,以及如何利用明暗创造画面深度。我还将演示如何在场景中添加细节层次,以及如何用光照美化场景。

▲ 使用【套索】工具和【画笔】工具绘制常规形状,无须担心细节　　01

▲ 选择合适的画笔来绘制画面　　02

Step 01
构图

我认为构图及场景中的场景元素设置是创建艺术品的关键。对我来说，这是迈出的第一步。

请使用【画笔】工具或【套索】工具从常规形状或大而简单的表面开始创建构图。现在不必担心细节，而应该考虑如何以最简单的方式画出自己的想法。如果你对这幅草图不满意，可以轻易地修改画面的全部内容。我通常会快速绘制一些草图，并选择最适合的一个。然后使用【套索】工具绘制各种选区形状并将其填充（见图01）。最好只用一种颜色，这样你就可以将更多的注意力集中在构图上。

"每种画笔都具有独特的质感，可用于本例中的各个步骤。在你空闲的时候，可尝试掌握不同的画笔。"

Step 02
选择合适的画笔

在开始绘制之前，尽量考虑好需要使用哪些画笔。如果可以的话，请准备一些预设画笔或设置好的画笔来帮助你，尤其是当你想表现出画面情绪，以及使用一些技巧的时候。我经常选择与真实材料，以及手绘或手绘风格最相似的画笔，或者通常看起来很传统的画笔。这些都是我最喜欢的画笔（见图02）。

每种画笔都具有独特的质感，可用于本例中的各个步骤。在你空闲的时候，尝试掌握不同的画笔，并绘制彩色草图或速写，这样你可以尝试每一个画笔。这意味着你在为下一幅作品上色时，不会因为画面的某些部分而浪费时间去选择画笔。

Step 03
选择基色

为你的作品选择正确的配色至关重要，因为它可以使你的作品主题变得更清晰，更吸引观众。

确定构图后，继续设置基色和色调。虽然整个过程中这些内容可能会进行多次更改，但是最好知道你想要使用什么颜色。在开始绘制

▲ 选择基色并开始使用基本色调为画面着色

之前，想象一下画面的主要色彩和主题是什么。

我想突出巨大的怪物与人之间的距离，并表现出阴沉的场景气氛。我是通过在背景和色调中使用亮灰色来实现的，这些灰色在中景和前景中会变得更暗（见图03）。

你应该尝试将色调融合在一起，以使画面更生动。如果你想让颜色很好地搭配在一起，则需要调整它们的明暗。你还可以为它们添加一种中性灰色。

▲ 使用平滑的画笔或【渐变】工具来确定暗点和亮点的位置　04

▲ 确认消失点位置并开始使用透视指引　05

Step 04
设置明暗关系

既然画面已经有了正确的景深和我想要的普通光线状态，那我便大致确定了明部和暗部的点。要绘制这些点，就要使用上一步中已经确定的基色。这将使场景看起来更立体，同时也使景深更明显。

现在创建一个新图层，并将混合模式设置为【叠加】。然后，使用【渐变】工具或柔边画笔绘制画面中你想要变暗或变亮的部分。可以将黑色或深灰色用于最暗的部分，将白色或浅灰色用于最亮的部分（见图 04）。

Step 05
找一个好的消失点

在开始绘制任何细节之前，应尽可能准确地确定消失点的位置（见图 05）。因为这些细节都必须与整个场景的透视一致。不要忽略这一步的重要性。我们一直都要绘制

> ✳ **专业提示**
> **水平翻转画布**
>
> 一个快速又简单的查找画面中问题的方法是翻转你的作品。这是许多艺术家都会使用的技巧。当你长期绘制一幅作品时，大脑便逐渐习惯了这幅作品的画面，你可能很难意识到画面的比例会存在的一些小问题。但是，当你翻转作品时，将看到一个新的画面，这些问题就会突显出来。
>
> 通常来说，最好在整个绘画过程中多次使用此技巧，以最大限度地减少这类问题。为此，你可以单击【图像】>【图像旋转】>【水平翻转画布】菜单。

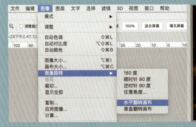

透视线，以免在绘制物体时出错。如果你用错误的透视——哪怕只是构图的一点错误——作品也会受到观众的苛责。这就像在一个糟糕的草图上绘画一样!

找到消失点后，建议你在单独的图层上绘制一些角度不同的辅助线，这些线都将朝向画面中的消失点。我用明亮的颜色绘制这些线条，但这些颜色不会在场景中使用，因此当我继续使用不同的色调进行绘制时，可以轻松地找到它们。你应该根据这些线条对画面中所有部分进行调整，以确保透视的准确性。

Step 06
制造更强的对比

请记住，如果将深色物体放在明亮的背景上，则可以更清楚地看到它们；同样，较亮的物体在较暗的表面上也会变得更明显。如果你不考虑这一点，那么你最终可能会获得一个没有立体感的、单调的、甚至令人厌倦的作品。

在背景上绘制多云的天空，并将天空较亮的部分放在可以突出怪物形状的位置。这会使该怪物获得更明显的对比，从而从使其在场景中更为突出。怪物身体的暗部与天空的发光部分进行对比，可使场景更生动，富有活力（见图06）。

Step 07
考虑光源

好的光源会让你的作品变得很特别。想象一下光从何而来，它将落在什么地方以及如何形成阴影。这个过程可能会对你继续绘制作品产生很大影响，你必须注意光线路径中的任何物体，以及照射在物体表面而产生的阴影。有时你可以使用多个光源，从而创建出更复杂的场景。你可以选出最有效的方法。

你应该记住，如果你使用黄色或橙色等温暖的光，那阴影应该是冷色调的。如果你正在使用冷色调的灯光（如蓝光），则最好在阴影上使用暖色调。用这个方法可以使你的画面看起来更自然。

在这个画面中，我决定将光源放在怪物的右后侧。这是一种温暖的自然光，它为我提供了一些明亮的高光和边缘的光晕（见图07）。

▲ 增加怪物和天空之间的对比度以创造动感　　06

▲ 仔细考虑场景中的光源　　07

▲ 清晰地绘制需区分的材质和纹理，并添加其他细节

08

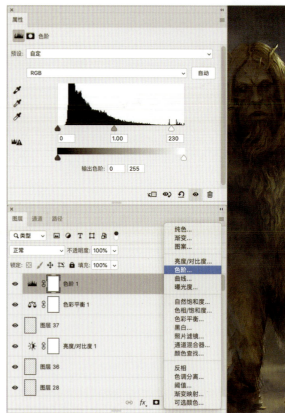

▲ 使用【色彩平衡】、【亮度/对比度】和【色阶】对整个画面进行颜色调整和光线设置

09

Step 08
深入刻画和细节绘制

画面已经越来越具体了，你应该能看懂场景中发生的事情，所以现在是时候在画面需要的地方仔细地添加细节了。例如，考虑可能涉及的颜色反射，仔细处理纹理和材质，以及添加颗粒状效果。

通常，在这一步我会将画面放得更大，并使用较小的画笔绘制，以便更好地控制细节。尝试绘制关于光源、气氛及画面明暗部分的细节。请记住，在错误的部分绘制过多的细节会使你的作品失去活力，感觉更平面化。例如在画面中，我想描绘怪物毛茸茸的身体，也想让村庄更加真实。所以为了实现后者，我只在一些房屋中绘制了灯光，并在它们之间绘制了一些树木（见图 08）。

Step 09
最后的调整

在创作接近尾声时，请对颜色、对比度和亮度进行最后的调整。建议你这样做是因为在整个绘画过程中可能会丢失对比度。有时也可能缺少理想的辉光色彩。为了解决这个问题，我在最后阶段使用了【色彩平衡】、【色阶】、【亮度/对比度】或其他类似工具。想要找到调整设置，请单击【图层】面板底部的【新建调整图层】按钮，然后选择【色彩平衡】。尝试这些设置中的选项，找到你认为效果最好的。请注意，这种类型的图层必须位于你想要修改的图层之上（见图 09）。

Step 10
拯救想法

当我要完成绘制时，就会开始进行一些实际的修改，或添加一些元素，以使画面看起来更加精致，更吸引人。在这一步，发生了许多奇妙的事情，可以用来提升画面的动感，激活你的作品。例如，在本例的画面中，我给怪物的手中绘制了一个木棒，并使其上半身相对于木棒变小一些了。这为场景增加了更多维度和深度。我还在怪物的身上绘制了一些灰尘和雾洒，以进一步放大它的尺寸。

我将这最后一步称为"拯救想法"，因为在这里，你认为作品已经完成但并不是完全满意时，可以进行一些小的更改，以提高画面的质量和整体效果。将道具草图绘制到一个单独的图层上，当你对它们的外观非常满意时，就继续绘制。通常在这一步进行修改时，我会尽量去尝试多种手法。最终效果图如图10所示。

▲ 效果图

戴机器人假臂的人

给角色塑造动感的姿势和造型

桑德拉·波萨达

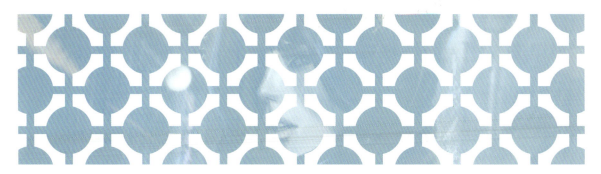

作为艺术家提出了令人印象深刻的创意时，就会希望作品更贴近自己的想法。然而，这可能是一个艰难的、令人沮丧的任务。在本例中，我将展示各式各样的能帮助我实现想法的技法。

我将演示从创建缩略图到最终完成绘制的过程，包括塑造动感的快捷键和技巧。我将介绍如何操控图层，如何使用滤镜建立视觉的细微差别，以及如何利用拍摄的纹理实现逼真的效果。我还将展示如何使用画笔绘制阴影、高光和反射。

我想创作一个未来主义的反乌托邦的作品。画面的主角是一位戴机器人假臂的女性，她试图在穿过黑暗小巷时隐藏自己的身份。我将专注于表现一种神秘的氛围，使焦点与光影和细节达到平衡。

如果你想表现出逼真的画面，那参考图非常重要。我可以从自己的照片或 www.textures.com 上收集素材，因为这些素材是免费使用的。我在找黑暗的小巷，破旧的纹理和与废墟相关的元素，以及冷酷孤独感的配色。我也会寻找适合角色心情的造型。

我希望本例能激励你去创造另一种现实，并将你的灵感展现在想法中进行创作。我们开始吧！

Step 01
灵感、缩略图和构图

当开始绘制一幅插画时，我要做的第一件事就是弄清想法。我写了一个简短的叙述，可以为收集关键元素为构图提供想法；其中光线、情境、感觉、颜色和形状，这些都能帮助我绘制一个可信的作品。

我用了深色和冷色调的构图，并将这种情境定在一个破旧的小巷中，给人以慰藉和防卫的感觉。我还想要一个下雨的场景，虽然它让视野变得模糊，但可以让你从周围的反射中获得高光。我希望主角是一个年轻的女人，她的面孔富有挑战性，诡异而神秘，她用长袍掩饰自己的身份。在她消失前瞥了一眼某人或某物。此外，她还有一个显著的特征：她的左臂是由机器人装置制成的假肢。

一旦你有了一个明确的主题，就可以开始绘制缩略图草稿了。当你思考常规的构图和光线时，绘制潦草的缩略图会很有用。因为我的目标是画一个有动感的插画，所以我注意画面的角度和焦点，焦点在角色的手臂上。

尝试使用不同的画笔、纹理和形状来绘制构图和透视。利用三分法将画布分为九个相等的部分，并在相交线上设置关键元素，使画面达到和谐（见图01）。

Step 02
基础绘画

选择最符合你原本想法的缩略图。我希望机器人手臂成为焦点，因此我为角色选择展现四分之三背面的姿势，并用流畅的线条和扭转的身体来突出手臂。她表现出一种傲慢、神秘的态度。但是在整个过程中，我也愿意尝试其他不同的姿势，修改细节，使构图更有风格。

开始在草图下方的图层上添加

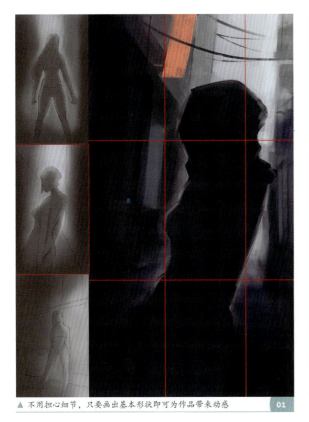

▲ 不用担心细节，只要画出基本形状即可为作品带来动感　01

▲ 最初的笔触可能不适用于蒙版，它将指导绘制更多的细节　02

颜色。要营造未来感，就要使用冷色调，如蓝色，以及带有微微的红色和紫色点的不饱和绿色来绘制边缘光。将草图图层的混合模式更改为【正片叠底】，这样你就能看着草稿进行绘制。通过在角色上绘制较浅的色调来设置主光源，并在角色前面设置一些辅助光以创建边缘的光源（见图02）。

Step 03
景深、光线和线稿

当你已经有了基本形状时，就可以开始使用画笔和【橡皮擦】工具清理边缘，使角色与环境分离。注意建筑物的结构和不规则的有机形状，这些形状会让角色身上的衣服更具风格。

要生成景深，最近物体的色彩明度必须较暗，而最远物体的色彩明度则应较亮。这是由一种被称为大气透视的现象引起的，在这种现象中，悬浮在观察者与远处物体之间的空气中的粒子，会使物体看起来更亮，更模糊，从而与背景融为一体（见图03）。

Step 04
绘制角色

在这一步，我对自己的角色已有了一个大致的了解，所以我从最喜欢的部分开始绘制。我通过缩放和使用不同大小的画笔，开始刻画角色的脸部、眼睛、妆容、手臂设计，以及服饰和配饰的材质。这些都可以用来表现角色的个性。

皮肤的色调可以使用蓝色、绿色和紫色等多种颜色，共同绘制出更逼真的效果。一个常见的错误是认为皮肤只是"肉色"。而在服装方面，我想要一种具有未来感同时又很性感的套装，这就是我决定使用黑色皮革作为主要材料，以及一些已经褪色面料的原因。此外，我在假肢的结构上也下了功夫，用红色画笔绘制透视结构来标注肌肉位置，在刻画纹理时，这将帮助你保持正确的比例和体积（见图04）。

Step 05
制作纹理

一旦所有主要元素都绘制了纯色的底色，就可以开始添加一些纹理了。我在www.textures.com上找到了一些需要的素材。选择纹理中有趣的部分，然后将该纹理添加

▲ 不同的大小的画笔和纹理可以表现出画面的深度和体积感　03

▲ 不必给整个角色都画满细节　04

到单独的图层中，放在所有元素之上。【自由变换】工具（【编辑】>【自由变换】）可以帮你将纹理调整为需要的形状。有关添加纹理的提示，请看下面的专业提示及第172和182页的相关内容。

默认情况下，图层只会彼此叠加而不会融合在一起。现在，我们需要尝试从图层面板的下拉菜单中找到合适的图层混合模式。在这种情况下，【柔光】效果很好。将该图层的【不透明度】设置为45%，调整图层次，然后在该图层上绘制一小部分，因为我不想失去纹理为

作品带来的真实感。实际上，我希望角色从背景中脱颖而出。因此，可以通过在画笔面板中调整画笔设置，使背景中的纹理柔和一点，保持这种微妙的感觉（见图05）。

Step 06
假臂

先前以透视线为基础绘制了肌肉结构，现在我使用与上一步相同的方式来刻画假臂的纹理。你需要注意，不要使手臂充满过多的纹理，并在手臂的人体部位绘制一些皮肤

纹理，以保持角色给人的感官体验（见图06）。

为了给手臂添加更多的明暗对比度，请在材质上添加镜面高光

> **✿ 专业提示**
>
> **调整纹理**
>
> 当你收集的纹理素材与所需的色调不同时，将你所需色调的素材图粘贴到新图层上，单击【图像】>【应用图像】菜单。选择合适的图层选项，并尝试不同的混合模式及不同明度百分比，直到获得最合适的效果。

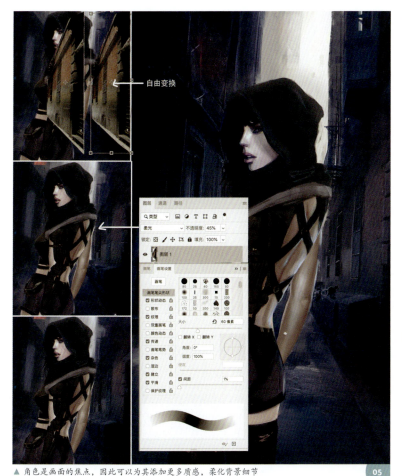

（亮表面上的光点）和阴影。最后，要使该机械装置更真实，在各处绘制微妙而丰富的细节，如电缆、阻尼管和齿轮。

Step 07
调整体积、比例和光影

在绘制了所有细节和纹理后，水平翻转画布以重新审视作品（我之前为此操作设置了自定义快捷键以快速调用，但是你可以选择【图像】>【图像旋转】>【水平翻转画布】）。然后开始修改整个图像的解剖结构、透视图、光线和阴影的范围。

在所有内容之上，通过单击【图层】>【新建图层】开始尝试每一种混合模式来绘制颜色，直到找到一种可以为画面带来丰富的效果而又不会明显改变明度值和景深的混合模式。要增强主光源，请在图层顶部新建一个带蓝色调的渐变图层（【图层】>【新建填充图层】>

▲ 角色是画面的焦点，因此可以为其添加更多质感，柔化背景细节　　05

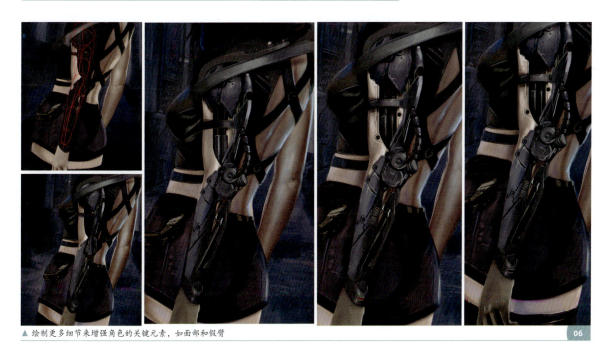

▲ 绘制更多细节来增强角色的关键元素，如面部和假臂　　06

戴机器人假臂的人　103

【渐变】）。将此层设置为【叠加】混合模式，然后使用柔边画笔和【橡皮擦】工具，绘出脸部和手臂的光线。

营造气氛可以突出角色，并尽可能微妙地将其与环境融合。添加蓝色的边缘光，在角色的边缘周围绘制出一条亮线，在视觉上将角色与背景区分开，同时使这两个元素成为一个整体。但是，请记住，轮廓线在现实生活中并不存在，因此

"添加蓝色的边缘光，在角色的边缘周围绘制出一条亮线，可在视觉上将角色与背景区分开，同时使这两个元素成为一个整体。"

请使用环境中的颜色来融合边缘光（见图07）。

Step 08
添加细节

我想在画面上添加滂沱大雨的效果，以进一步增强神秘感。为了达到该效果，我开始在单独的图层上绘制一些短而柔的线条，使其形成雨滴。复制图层，在雨滴方向应用【动感模糊】（【滤镜】>【模糊】>【动感模糊】），然后在各处绘制一些镜面高光。最后调整色调和不透明度的设置，使其与已有的布景相匹配，这使下雨的效果更加逼真。

我绘制了一些大气效果来使该组合物更生动，如蒸汽、水汽和反射。使用纹理画笔来绘制从角色的衣服散发出的细微的蒸汽，以及下雨的元素，如衣服上的一些雨滴（尤其是在帽子上，因为这是暴露得最

▲ 使用边缘光，将角色从环境中凸显出来

▲ 使用纹理画笔和【动感模糊】创建水效果　　　　　　　　　　　　　　　　　　　08

"在沥青道路上涂一些颜色反射和一些小的镜面高光，以模拟雨滴落下时的效果。"

多的元素）。

请务必注意水会造成的失真效果。因此，在沥青道路上绘制一些色彩反射和一些小的镜面高光，模拟雨滴落下时的效果。最后，添加一些具有不同颜色和滤镜效果的朦胧的小圆圈，以模拟相机镜头的效果。按住【自定形状】工具，然后选择【椭圆】工具来绘制圆形，通过单击【滤镜】>【模糊】菜单并

> ✦ 专业提示
> **应用基础**
> 我从自己的经验中得知，当你开始插画创作时，就会想到很多想法，并且你会希望尽快地画出所有想法。但你打开一个新文档立即开始绘画，可能过了几个小时却没有进展，结果可能还很糟糕。发生这种情况仅仅是因为你急于在初次尝试时就想创作出惊人的作品。
>
> 新手很容易忘记在一开始就应用基本方法来展现自己的想法，应该事先做一些研究，设计构图，并绘制一些草图。但是，如果你不了解这些基本方法，就不知道如何使用数字绘画工具。

选择一种效果（见图 08）。

Step 09
最终调整

在最后一步中进行一些细微的颜色调整，以增强画面效果。我给假臂绘制了更多的镜面反射高光，修改了一些环境光，并且在此处添加了一些小细节。

对调整过的颜色感到满意后，

戴机器人假臂的人　105

> ✱ **专业提示**
> **自定义快捷键**
>
> 你应该自定义自己的快捷键，使用键盘上的快捷键，而不是滚动工具栏进行选择，可以节省很多时间。你可以通过单击【编辑】>【键盘快捷键】菜单来自定义自己的快捷键。
>
> 我自定义一些快捷键用于更改画笔大小、翻转画布和自由变换；用快捷键进行擦除（E），对色彩校正进行调整（Ctrl + U和Ctrl + B），合并图层（Ctrl + E）和复制并粘贴图层（Ctrl + J）。

"尝试设置不同的百分比，直到找到自己认为最好的效果为止。"

便单击【图像】>【复制】菜单并重复一遍，以复制两次整个文档。其中的一个副本是为了使用一个非常细微的【杂色】滤镜。可以通过以下方法进行操作：选择【滤镜】>【杂色】>【添加杂色】菜单。另一个副本则通过单击【滤镜】>【锐化】>【只能锐化】菜单来锐化图像。尝试设置不同的百分比，直到找到效果最好的为止（见图09）。

你的作品终于完成了（见图10）。我希望本例可以帮助你消除对Photoshop中的数字绘画可能有的疑问，并能帮助你树立信心，从空白的画布开始绘制。

▲ 复制两个重复图层，并使用它们来添加噪点及锐化图像

▲ 效果图

邪恶的角色

利用造型和光线来营造场景中的戏剧效果

克里斯托夫·彼得斯

从观众对你作品的接受度来看，正确地表达作品的氛围是非常重要的。在本例中，你将看到如何在Photoshop中利用光线和颜色的特性来创建一个色泽鲜明的幻想场景。同时你将看到如何创建一个引人注目的角色以俯视的姿势坐在王座中间的场景。还将学习如何利用聚光灯和环境色彩，你可以在幻想艺术中探索感人的戏剧性情节和增强情感氛围的方式。

"现在你不需要处理图像的细节，只需要把注意力放在快速绘制粗略的草图上，这样你就可以把它作为一个起点。"

Step 01
绘制草图

当我开始绘制一个新的插画时，我总是快速地绘制一些草图，来更好地了解我想要向观众展示的形象是什么（见图01）。在这个阶段，你不需要非常明确你想要创作的最终作品会是什么样子，通常整个过程是一场非常愉快的实验性的旅程。

▲ 绘制出多幅角色草稿以供选择　　　　　　　01

108　Photoshop游戏动漫科幻设计手绘教程

▲ 比较草图并选出最有趣的一幅继续创作　　02a

▲ 使用【正片叠底】模式来添加蓝色图层，使画布不再是纯白色的　　02b

在绘制草图时，我使用了一些大型的纹理画笔，这些画笔在快速绘制大形草图时非常有用。现在你不需要处理图像的细节，只需要把注意力放在快速绘制粗略的草图上，这样你就可以把它作为一个起点。

"我决定画一个斜倚座椅处于放松状态的年轻人，但是我希望画面中有一种黑暗的感觉。"

对于这幅插图，我想要挑战"王座上的坏人"的常规印象。我想让我的角色看起来很独特并具有神秘感，同时避免出现我们通常在电影和电子游戏中看到的那种粗鲁和叛逆的表情。

为了达到这个效果，我将注意力集中在描绘与传统印象中王座上的角色相反的形象。我决定画一个斜倚座椅处于放松状态的年轻人，但我希望画面中有一种黑暗的感觉。基于这些想法，我画了四个不同姿势的草图，来帮助我定义角色。

Step 02
检查草图

检查草图时，我确定1号和2号不是我想要表现的内容。这些草图是正视图，这使构图看起来是静止的，很无聊。而4号比1号和2号更有趣，但我最终决定使用3号草图（见图02a左下角）。这个姿势有我想要表现的消极感，而且相机的取景是我非常喜欢的有趣视角。

一旦你选好了草图，要做的就是在上面新建一个蓝色图层。要做到这一点，只需要选择【图层】>【新建填充图层】>【纯色】菜单，然后在弹出的【拾色器】窗口中选择蓝色。将图层模式设置为【正片叠底】，你会看到在草图和所选择的大多数颜色之间产生了稳定的统一，如图02b所示。

> ✱ **专业提示**
> **分析链**
>
> 你将会发现绘制过程包括绘画本身，以及纹理和材质的处理，对光的理解，以及考虑许多其他因素。因此，拥有一个简单有序的分析链来绘制元素是非常重要的，否则你将无法在最后的阶段获得你想要的结果。一个简单的分析链例子是：
>
> - 排列构图中的物体；
> - 确定光源的类型以及光源的方向；
> - 定义辅助的内容，包括光的特性、几何体、自然色、材质和纹理；
> - 定义每个物体投射的阴影。
>
> 在绘画的时候，你需要分析所有这些因素来理解绘画的工作原理。混乱只会导致你以挫折和对工作流程的错误理解而告终。

"一旦你选择了想要复制的光源类型,你就需要考虑这种光的特性。"

Step 03
设置光源

首先,你必须明白生活中存在各种各样的光源,对光线和其他复杂的光线现象有一些反应,这些对于数字画家来说几乎是不可忽视的。然而,你不需要害怕以写实的方式再现光的效果。我们是真实光照的

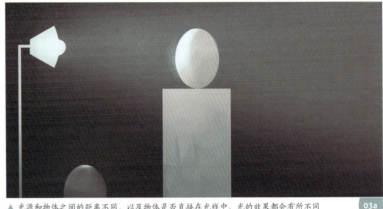

▲ 光源和物体之间的距离不同,以及物体是否直接在光线中,光的效果都会有所不同 03a

演绎者。我们研究光是为了以最有效的方式来表现它,并模拟光在现实中的作用。

不要强迫自己过于写实。在你工作的时候,尽量记住以下关于光和光源的简单概念。

- **主光源**:这是影响几何空间中所有元素的光源,它可以以自然或人造的方式呈现。
- **自然光**:场景的自然光直接来自自然光的发射,如来自太阳或月亮的自然光。
- **人造光**:这种光来自合成光源,这意味着它可以是照明灯、霓虹灯或手电筒。

一旦你选择了你想要复制的光源类型,你就需要考虑这种光的特性,比如它的能量和距离。光的能量是光源发出的光线的强度。距离是指从 A 点到 B 点的现有距离,A 点是光源,B 点是物体表面。

距离也会影响光的能量。在较远的距离,物体的光照会减少。我们可以得出这样的结论:线性距离不仅决定了物体接收到的光的强度,而且物体相对于光源的高度和位置也决定了它的曝光量(见图 03a)。

在本例中,我把光源放在构图

▲ 本幅画的光线来自左上角 03b

的左上方(见图03b)。同时我还决定,让观众看不到的光源发出冷光,这将会给插图带来一种有趣的神秘氛围。

Step 04
选择颜色

我认为几乎每个艺术家都有选择绘画颜色的过程。一些艺术家选择的颜色受个人品位的影响,一些则受他们日常情绪的影响,其他人则会做更详细的研究,探索各种各样的因素,如角色的观念、性格和环境。就我个人而言,我喜欢灰色调和限定颜色的调色板,这通常会带来很好的效果。

使用灰色调色板来处理颜色值更简单。使用不饱和的调色板,可以很容易地编辑颜色。然后,你可以应用灯光效果,而不用担心颜色会过度饱和。你也可以创造有趣的氛围,开发更真实的环境。在不饱和色之间有强烈的对比,而饱和的颜色在插图中会显得更强烈。

对于这幅作品,我选择了一个简单的色彩构成,使用冷光源与暖色调的阴影形成对比(见图04a)。配色方案会影响到场景中的所有元素。要创建配色方案,通过选择画笔选择颜色,单击工具栏中的【前

▲ 选择适用于明部和暗部的颜色 `04a`

景色】选择框,然后在【拾色器】窗口中选择一种颜色。在图04b中你可以看到,我选择了一个限定颜色的配色方案,但它有一些明亮的重点颜色。

> **✦ 专业提示**
> **从生活中学习**
>
> 你所需要的提高绘画技巧的工具就在你身边,它无处不在。可以自己学习,用日常生活中的东西作为参考。看看你家里的材料,画一些快速的练习稿来提高你的绘画作品的"吸引力"!

▲ 使用拾色器为作品创建配色方案 `04b`

邪恶的角色

"一种简化过程的方法是：在绘制插图时使用所有你需要的颜色创建球体，然后使用【吸管】工具从球体中提取颜色。"

Step 05
绘制一个简单的球体

每个艺术家都有自己的方式来绘制插图中的元素。我发现绘制元素的一个简单方法是创建一个基本球体来设置对象的形式和基本结构。

你可以将光标悬停在【矩形选框】工具图标上，然后选择一种形状，并填充一个颜色。接着你可以用软边画笔创建一个基本的球体。我用来绘制的画笔非常简单：一个具有书法纹理的硬边画笔和一个简单的柔边画笔（见图05a）。

保留选区，这样你就不会越出形状的边界。最后，你可以在绘制体积的时候添加一些具有绘画感的笔触（见图05b）。

▲ 使用带纹理的硬边画笔（上）和柔边画笔（下）　05a

Step 06
给图像添加颜色

你现在可以通过添加第一种颜色来设置基本氛围。一种简化这个过程的方法是：在绘制插图时使用所有你需要的颜色来创建球体。然后使用【吸管】工具从球体中提取颜色，并使用它们来绘制场景中的不同明暗。这也可以是一个很好的颜色和体积参考（见图06a）！

正如我在教程开始时所说的那样，我选择了用暖色调来对比阴影部分的冷色氛围（见图06b）。你还可以开始绘制整体设计元素，如脸部、盔甲、头发和小细节等。尝试设计一个简单的角色，不要太复杂。

▲ 柔边画笔可用于绘制具有绘画感的基本球体　05b

▲ 使用选择的颜色绘制多个球体，以便在绘画时进行颜色选择　06a

112　Photoshop游戏动漫科幻设计手绘教程

▲ 通过冷暖色调对比为场景创造气氛　　06b

绘制脸部

绘制脸部的第一步是使用中等大小的画笔绘制大面积的颜色，而不是细节。在这个阶段，你也可以设置简单的阴影和高光。不要担心看起来像一幅速写画，此刻你只需要关注整个作品，而不是某个特定点。

绘制基本的面部后，可以进一步绘制一些细节，增加亮色的色调，给角色带来活力。这是我们用来暗示场景氛围和角色意图的细节表现的方式。一步一步地上色，你可以添加更亮的新颜色。通过在特定区域添加纯色来饱和色调，就像我在这里使用的紫色、粉色和蓝色的色调一样。

现在定义脸部的主要部分，如眼睛、鼻子、嘴巴和头发，始终考虑整体结构的一致性。继续添加浅色调，主要集中在一些小细节上，如嘴唇、一些头发和一些皮肤纹理。现在，你可以绘制脸部的最后细节。使用小号的画笔可以实现这一点。如果需要，你可以放大画布，看看哪里需要添加小细节。

很重要的一点是你不能丢失脸部的表情，所以要尽量保持原有的体积和结构。利用参考资料来比较照片和你画的脸部。最后使用【颜色减淡】图层添加一些效果。要做到这一点，可使用平滑的画笔在你想要表现的区域上绘制深色调（见图07）。

▲ 用高光和阴影有规律地绘制面部细节　　07

Step 08
绘制身体

对手、腿和盔甲的细节重复前面的过程（见图 08a）。从绘制大面积的颜色开始，然后深入反光材质上的小高光细节，如金属和玻璃。注意你正在画的东西，这样你就不会迷失方向。试着记住光源和它的特性，否则你很难得到一个固定的光照构图。

在绘画时更改画笔以获得新的笔触，并使用纹理设置（在【画笔】面板中）来创建绘画效果（见图 08b）。记住，始终从基本的形式和形状开始，因为这将使整个过程变得更容易。

Step 09
进一步调整

如果你仍然觉得图像需要继续深入，或者开始的氛围与当前的图像不匹配，你仅需要做一些简单的调整，就可以产生很大的变化。大多数艺术家会使用众所周知的【颜色减淡】模式来调整灯光效果。是的，

▲ 重复绘制画面主体　08a

▲ 在此过程中更换画笔可为画面添加纹理　08b

理论上讲，这些很有趣，但是如果你不知道如何使用它们，则可能会毁了你的画，你花在绘画上的时间可能都被浪费了。像一个行家一样注意用以下这些简单的技巧来管理【颜色减淡】模式吧。

控制【颜色减淡】模式的色调和参数值，除非你想让你的画看起来像电子派对。在你希望观众注意

"在【颜色减淡】模式下切勿使用饱和度高的颜色和纯色来进行绘制。"

的地方，使用深色调在一些柔和的高光区域来给画面增色。使用柔边画笔，或羽化选择边界，给减淡效果以平滑的感觉。使用中间色调，在【颜色减淡】模式下切勿使用饱和度高的颜色和纯色来进行绘制。

你也可以使用【叠加】模式，这是一个比【颜色减淡】模式 更简单的工具，你可以更自由地使用这个图层，因为它没有规则，你可以使用随机颜色进行一些有趣的绘制，看看可以产生什么疯狂的结果（见图 09）。

Step 10
最后的调色

在最后一个阶段，你可以应用一些选项进行最终的调整，如【色阶】、【色彩平衡】或【曲线】。你可以通过【图像】>【调整】菜单找到这些功能选项。在这幅画中我添加了蓝色的【叠加】层并且使用【颜色减淡】模式在上面绘制暖紫色和绿色的柔和笔触（见图 10）。

▲ 【颜色减淡】模式和【叠加】模式效果会对不同色调产生影响　09

▲ 效果图

水生生物

绘制动态水生生物

安娜·迪特曼

我从小在海边长大,海洋给我带来了无限的视觉灵感。我对水生生物充满了感情。因此,当我应邀绘制一个以人物和生物为主题的海洋主题插图时,我对此幅作品充满了渴望。

开始绘制之前,很重要的一点是进行大量的研究和概念设计收集。从水族馆中拍摄照片后,我选择蓝脸神仙鱼作为本幅插图的意向参考。我希望在角色设计上能够吸收鱼类的特征,让角色安静地凝视观众。也许她根本不是女人,相反,她可能是人类和海洋生物的超现实组合。

浸在水中的头发和漂浮的气泡将提供流动感,而海洋的雾霾色将为蓝绿色的配色方案作补充。我从天使鱼的鳞片图案中获得灵感,创造出淡黄色的对比(黄绿色渐变)。

每幅作品都会遇到新挑战,需要独特的步骤来进行绘制。但是,我希望本例有助于明晰常规流程,并为你提供一些专业技巧。

Step 01
绘制快速缩略图

脑中有了画面的构图后,我们就可以开始绘制了!对我来说,快速创建一个缩略图很有帮助,让自己不会盲目地进入绘画过程。确定基本构图后(见图01),最初的创作过程往往不会那么困难。

缩略图就像一种"热身运动",可在画布上记录你的想法,因此不必担心它看起来较为粗糙。你可以更快地绘制缩略图并将其运用到实际插图中,这样效果会更好。我使用黑色纹理画笔勾勒和着色初始明暗结构。我希望该角色占据主导地位,植物的生命在背景中萌芽,从而提供一种活力。

Step 02
准备文件

现在,你完成了缩略图,该开始绘制商业作品并准备实际的文件了。我常用以 300 dpi 的分辨率新建画布,最短的一边不少于 3000 像素。重要的是要在画布上留出一定的出血,如果你正在创建的作品可能会被出版或打印,此点则尤为重要,因为打印的图像需要具有比在屏幕上查看的图像更详细的信息。准备好画布后,请集中精力布

▲ 使用粉笔画笔快速地绘制出关键部分以确定构图
01

置你的工作区。我选择将【历史记录】面板、【图层】面板和【工具】面板放在视线内,因为这意味着在我需要它们时可以快速找到。【历史记录】面板罗列了近期你在工作期间对绘画所做的更改(见图02)。因此,如果你想返回绘画的最近某一阶段,可以轻松达到目的。

一块空白画布可能会令人生畏,所以让我们迅速向前推进并开始在画布上放置一些东西。

Step 03
组合参考图

完成文件设置和缩略图绘制后,

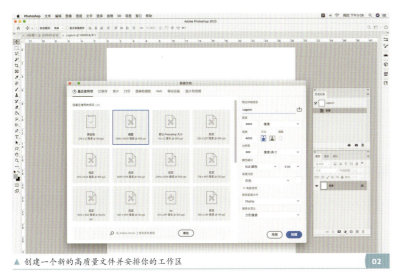
▲ 创建一个新的高质量文件并安排你的工作区　02

"如果你遇到独特的生物、图案或材质，那么在日常生活中随身携带相机总是值得的。"

最好在开始绘画之前先整理参考图文件。对于本例，我仔细查看了一些我在水族馆和水生中心所拍摄的照片。如果碰巧遇到独特的生物、图案或材质，那么在日常工作中随身携带相机总是值得的。

从不同角度拍摄的蓝脸神仙鱼照片以及一幅多肉植物的图像，激发了我想要布置在人物衣领周围的植物的灵感。即使没有精确地遵循每个参考图，各种各样的照片也可以帮助你创建思维导图，以了解你要复制的生物如何运动并与周围的世界进行互动。将所有参考图拖到一个文档中，以便在工作时轻松访问（见图03）。

▲ 在适合该概念图像的空白画布上汇总四个相关参考图　03

Step 04
绘制明暗草稿

现在，参考图已编辑完成并且易于访问，开始用中性灰色调画笔在白画布上进行绘制。在脑中牢记缩略图，勾勒出人物、鱼和植物相互吻合的初步草图。同样，不要太担心草图的粗糙外观，只需了解你要创建内容的基本比例，以及可以在哪里绘制深色调和浅色调以突出构图的重要区域即可。尝试注重形状而不是线条，并保留细节以备后用（见图04）。

从黑白色调开始绘画是有好处的，因为明暗定义了观众可以清楚地观看插图的特征。色彩不及强大的明暗结构清晰。

▲ 创建一个黑白初始稿以开始绘画过程　04

水生生物　117

▲ 放大画布以细化角色的面部特征

Step 05
塑造面部结构

现在，让我们跳到绘制插图过程中最有趣的部分。我最喜欢且关注的主题是肖像，因此在图像中塑造面部特征对我来说是非常重要的。放大画布并将视线聚焦在角色的眼睛和嘴唇上，因为这些区域将提供肖像的情感支撑。

仍以黑白色调进行绘制，使角色眼睛的白色部分变暗，并在她的下眼睑周围绘制鳞片形状，直到能从该角色中捕捉到一种神秘感和超凡脱俗的感觉为止（见图05）。将默认的粉笔画笔调整为较小的尺寸，可以对表面纹理进行微妙的雕刻，如嘴唇上的微光，这有助于创建立体效果。

Step 06
塑造元素

现在将画布缩小，并将注意力集中在鱼和多肉植物的设计上。我增加了图像的对比度，并开始合并较小的纹理细节。总体而言，我认为图像中的水生元素应保持为明暗体块。

创建焦点时，避免在不太重要的区域中凸显细节与在主要焦点区域中添加细节一样重要，保持画面的简洁和一致性至关重要。如图06

> ✿ **专业提示**
> **给你的画笔做减法**
>
> 这些年来，我整理了一个庞大的画笔库，但是我发现自己每次都使用相同的几种画笔。
>
> 虽然探索画笔很棒，但是如果你确切地知道何时以及如何最有效地使用画笔，则绘画过程会简单得多。
>
> 因此，我主要依靠我最喜欢的具有稍微粗糙边缘的画笔——粉笔画笔（见右图），我在整个过程中有90%的时间使用了此画笔。
>
>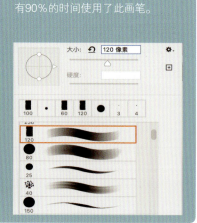

所示，该人物的面部特征以及神仙鱼斑纹为该插图提供了重点。因此，多肉植物和头发可以作为背景的主要成分支撑元素。

"在整个过程中，我经常依靠【柔光】或【叠加】图层模式来调整明暗度，并在绘画中手动加入更强的对比度。"

Step 07
调整照明

从开始创作时，我就设想好了强光源从上方射出。我经常沉浸于图形图像中，我发现在生动的图像中有一些吸引人的开放空间或"呼吸室"，负空间与肖像细节形成令人愉悦的对比。

目前，插图中的明暗似乎有些不平衡，因此我选择【喷枪】工具，创建一个新图层，并将图层模式设置为【柔光】。使用较粗的黑白颜色画笔，在使画面的左上角变亮的同时加深中心右侧的明暗度。在整个绘画过程中，我经常依靠【柔光】或【叠加】图层设置来调整明暗度，并在绘画中手动加入更强的对比度（见图07）。

▲ 多肉植物照片为植物设计提供了基础　06

▲ 在【柔光】模式下使用【喷枪】工具调整照明　07

> **✿ 专业提示**
>
> **调整工作区背景**
>
> 工作区的表面会影响此区域的对比度和颜色。我喜欢使用Photoshop的默认灰色背景。但是，当画布切换为白色时，明暗的表现会有所不同。需要牢记画布的阴影，尤其是当你使用特定的背景阴影发布在线图像时。通过右击中性工作区，选择【选择自定颜色】菜单，然后选择纯白色。我需要不断地从灰色切换为白色。

水生生物　119

Step 08
使用【曲线】选项调试颜色

我能在这样的绘画过程中坚持这么长时间而不用填充颜色，让我感到惊讶。在过去，我会使用饱和的颜色开始绘画，但是现在我发现在起草初始构图时使用颜色会分散注意力。

若要为该图像选择蓝绿色的主色调，选择【图像】>【调整】>【色彩平衡】菜单，调节【青色】滑块（见图08a）即可。画面总体上有微妙的蓝色调后，创建一个新的调整图层。单击【图层】面板底部的【创建新的图层或调整图层】图标，选择【曲线】选项，我最喜欢使用的设置是【蓝色】，你可以在图形中上下拖动锚点以创建陶瓷效果（见图08b）。尽管我们限制了颜色选择，但是在黑白画面中绘制了这么长时间后，添加色相总是令人愉悦的。

▲ 调整色彩平衡设置以应用蓝色调 `08a`

▲ 使用曲线控制色调 `08b`

Step 09
用对比色突出显示

在一般的配色方案中，我经常针对要突出显示的特定区域，强调图像中的焦点区域（如眼睛、嘴唇和鱼鳞），突出它们在画面中的重要性（见图09）。再次创建一个新图层并将其设置为【柔光】。使用饱和的黄色，对这些关键区域使用【喷枪】工具喷绘。

我将思路收回并在整个过程中经常回顾主要亮点。我挑剔的习惯意味着随着绘画的不断深入，我将不断地进行细微的颜色更改。

Step 10
使用传统材质使画面放松

无数小时在屏幕前绘制数字图画之后，用传统画材绘制一些真实图画并弄乱自己的客厅可能会给你以灵感。虽然你的室友可能不同意，

▲ 创建【柔光】图层并绘制饱和的黄色调来突出焦点

`09`

▲ 使用传统媒体创建要扫描的纹理，然后进行数字拼贴　　10

▲ 将纹理拖到新图层上，将图层设置为【柔光】，然后降低此图层的不透明度　　11

▲ 使用【正片叠底】模式将新纹理进行混合，并降低不透明度以创造融合感　　12

但是所生成的纹理既有趣又能帮助你进行数字化工作。

有时候，我喜欢通过尝试用各种污点和滴水制作新材质更新纹理库。我将传统绘画作品以高分辨率扫描到计算机中，以获得最佳品质。如果你没有时间或精力来创建自己的纹理，那么网络上有大量的资源，你可以免费或花很少的钱找到所需的纹理图像（见图10）。

Step 11
叠加传统纹理

传统纹理非常适合为画面提供传统的触感，使原本平滑的数字外观焕然一新。它们给人以原创性和实验性的印象。如果你不希望添加的纹理影响绘画的当前配色方案，则可以将纹理拖到画面上，然后选择【图像】>【调整】>【去色】菜单。在将图层设置为【柔光】或【叠加】模式之前，我经常旋转或翻转纹理。

根据图像对比的纹理强度，可以降低纹理的不透明度并向下合并（【图层】>【向下合并】）图层。在整个过程中重复此步骤以获得所需的磨砂质感（见图11）。

Step 12
使用正片叠底添加飞溅效果

除了使用较大的纹理外，添加较小的飞溅效果纹理也是在插图中创建细节的有效方法。选择【图像】>【调整】>【色相/饱和度】菜单调整纹理的颜色和饱和度之后，你可以简单地将纹理拖动到所需的位置。然后，应将图层模式设置为【正片叠底】，从而消除白色背景并将细节纹理混合到插图中（见图12）。为了获得无缝衔接的外观，降低纹理的不透明度并抹去会损害特定区域的焦点也很有帮助。

水生生物　121

Step 13
细化神仙鱼的细节

对设计的造型感到满意之后，就该再次放大图像进行绘制了。在微调图像时，除了用有斑点的画笔外，我更喜欢使用小号的尖锐的画笔。当你想在鱼身上画鳞片时，这些画笔非常有用，你也可以自己挑选图案来进行绘制（见图13）。

精确参考原始照片并不重要。在这一点上，偏离参考并使用你自己的个人风格绘制鱼可能会很有趣。顺便说明一下，蓝脸神仙鱼更喜欢栖息在潟湖中，因此，我的图像标题为：Lagoa（葡萄牙语）。

▲ 使用锐利且有斑点的画笔在鱼的斑纹上加入细节

Step 14
锐化和修饰面部

在结束最后的修饰之前，请返回角色的面部，使用条纹画笔，勾勒出头发的轮廓和眼睛周围的细小纹路。还可以使用非常精细的笔触绘制纯白色的高光以点缀她的嘴唇，增加闪光效果。将气泡与较大的浅色点状结合在一起，以增强水下的氛围。

当插图将要绘制完成时，要确保特写镜头保持一致。在放大图像时，调整【智能锐化】(【滤镜>【锐化】>【智能锐化】)中的设置有助于统一纹理和笔触（见图14）。

Step 15
完成

腾出一天的时间来让眼睛短暂休息对于完成插图来说非常有用。你会很自然地忽略插画中的缺陷，尤其是在连续盯着同一幅作品数小时之后。过一段时间后你会焕发活力，并以新的角度查看插图。

回到这幅画上，我的目光更容易被需要更多纹理、对比度或颜色变化的区域所吸引。经过一些非常细微的调整之后，我们终于可以长出一口气，创作完成了！最终效果如图15所示。

▲ 条纹状画笔和智能锐化可用于突出面部特征

▲ 效果图

贵族女性角色

设计幻想叙事风格场景中的贵族女性角色

卡罗琳·加里巴

作为一名艺术家,最棒的是讲故事不需任何语言。铅笔描绘的每一笔都在讲故事。角色或场景的背景故事越多,越能更快地创作艺术作品。观众理解场景中的故事是作品获得关注的关键,就像一名老戏骨在拍戏一样,不同的只是画作是静止的而已,所以在概念上必须更加准确。

在本例中,我将讲授如何使用草图构建最佳的故事情节,如何找到草图中最适合故事情节的那一幅,如何使用不同的颜色营造魔幻和紧张的画面氛围。

▲ 绘画前不断地尝试,明确要画什么角色　01

Step 01
画出你的想法

做一个小练习:想象画一个穿着华丽礼服的贵族女子,她身上的衣服用的是最昂贵的面料,在魔幻的光线中,闪闪发光。

画一些跟之前不同的内容,以便准确地设置角色的形象。她是好人还是坏人?她到底是什么人?女王?公主?继母?大使?她在哪里?舞厅?在卧室里看书?欣赏花园里的花?或者在计划毒害国王?如图01所示。

Step 02
提炼和改进你的想法

如图02所示,经过一段时间的思考,

▲ 选择合适的草图。画面中的草图有两个是用铅笔绘制的,另一个是用手绘板绘制的　02

我决定进行一些简化,迷人的贵族女人是一个坏女孩。她优雅,但脑海里充满着嫉妒和邪恶的计划。展开想象,想想她会做些什么来展现自己性格的这一面。也许她在玩一把神奇的匕首，或者黑魔法。

到了这一步，我喜欢用铅笔在纸上画画，这样构图很方便。也可以直接通过数字绘画来构图。在Photoshop中选择【文件】>【新建】菜单，并在【预设】下拉列表中选择【A3】选项，绘制草图。我喜欢使用A3或更大的文件，因为大尺寸可以画出细节。按Ctrl+Shift+N快捷键获得一个新图层，或者单击【图层】面板底部的【创建新图层】图标。我通常选择一个基本的圆形画笔开始构图，这样会更快。

Step 03
绘制草图

如果你从来没有为作品画过草图，那么开始吧！画草图有很多好处：确定场景的大形；让想法变得更加清晰；快速测试哪些效果好哪些效果不好。很多时候想象跟画出来是两回事，草图将帮助你正确地画出想象的场景。

为了快速得到画面的最佳效果，我绘制草图作为场景的测试。创建一个新图层（Ctrl+Shift+N）作为调色图层，只使用浅灰色、中灰色和深灰色（接近黑色）三种颜色，把画面分为角色、前景和背景。你也可以为每个草图创建一个新图层，双击图层名称重命名每个图层以避免混淆（见图03）。

Step 04
观察剪影

观察剪影可以检查角色是否传达了你想表达的信息，剪影展示了角色的大形。如果要强调某些东西，可以使用更多阴暗的空间

▲ 使用不同的草图确定并画出想象的场景　　　　　　　　　　03

吸引观众注意力。对于这个邪恶的女孩，需要注意她的行为；在这里，她的行为是滴毒液到国王的酒杯里。

检查剪影是否准确，创建一个新图层（Ctrl+Shift+N），使用默认的圆画笔，涂满整个角色。新图层上的剪影不需要太多细节，这样更容易查找问题。不要害怕重画，记住：现在这样做是为了避免将来的麻烦，让绘画变得更加容易（见图04）。

> ✦ **专业提示**
> **使用参考图**
>
> 使用参考图不是为了达到你能得到的画面的最大相似性，而是启发你的想象。如果你研究过一些艺术大师，就会发现他们试图用最和谐的方式创作艺术作品。即使不能直接使用参考图，也值得尝试实现这种和谐。如果找不到适合作品的参考图，那就自己拍一张吧！别害羞，记住：除了你，没人会看到它。

贵族女性角色

▲ 简化剪影，吸引观众对重点区域的关注，对画面展开想象   04

▲ 使用黑白定义画面对比度   05

Step 05
调整明度

明度决定了画面的对比度，从而形成焦点。如果需要，请参阅第43页了解有关明度的提示。

使用基本的圆画笔，不要使用纹理画笔，纹理画笔只会把画面弄脏。按照与草图相同的逻辑，为图像的每个部分创建一个新图层，最好配合组一起使用。按Ctrl+G快捷键或单击【图层】面板底部的文件夹图标创建组。

适当的对比可以引导观众的视线，但是场景与故事线要匹配。如果她打算毒死国王，她会在哪里做这些事情？如果她不想被抓住，那么她是不是藏在某个地方？如躲在一个黑暗的房间里，窗外的光线直射在她往酒杯里倒毒药的动作上，这样画面会更加真实（见图05）。

Step 06
开始塑形

开始塑造角色。正如在步骤03中所做的那样，创建一个新图层（Ctrl+Shift+N）作为调色图层。使

使用液化工具调整角色   06

用浅灰色、中灰色和深灰色，选择相同的默认的圆画笔（B），单击【画笔】面板的左上角更改画笔的大小，把画笔调到最小。注意循序渐进，如果现在就开始画细节只会浪费更多的时间来完善画面。

为了快速调整，我喜欢用【液化】工具，它是 Photoshop 中最好用、最省时的工具之一。用它可以拉伸和挤压角色需要更改的部分。选择角色所在的图层，选择【滤镜】>【液化】菜单，在出现的窗口中调整各种选项，如图 06 所示。

Step 07
上色

开始上色。创建新图层（Ctrl+Shift+N），把图层模式从【正常】改为【颜色】。使用与之前相同的默认的圆画笔（B），开始上色（关于选择颜色的建议，参阅第 42 页和第 111 页）。按 Ctrl+J 快捷键复制该颜色层，将属性更改为【叠加】，不透明度设置为 30%~50%。采用这种不透明度设置即使"油墨"再多，对比度也始终不高。

就像对草图所做的那样，为插图的每个部分单独创建一个图层，如皮肤图层，衣服图层，背景图层，或者一个用于整个角色，另一个用于整个背景。不要害怕尝试，数字绘画可以为你带来无限可能！当对图层的组合满意时，按 Ctrl+E 快捷键合并组里的所有层，这样会让添加细节变得更加容易（见图 07）。

Step 08
修饰画面

主色调确定后，接着添加一些细节和效果，如反射光、闪烁光、发型、雀斑、衣服布料的细节等。使用纹理画笔，这样会让画面更加丰富，看起来更加自然。为了确保绘制时的颜色正确，单击【图层】面板底部的【创建新的图层或调整图层】图标，选择【黑白】选项，把图层模式从【正常】更改为【颜色】，注意经常检查。

绘制时画笔的选择一般来说都是从大笔触到小笔触。例如，画头发时使用大笔触；添加细节时，使用较小的画笔来绘制头发的层次感（见图 08）。

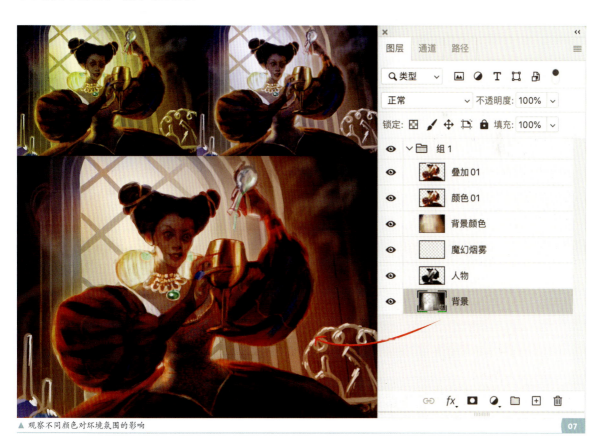
▲ 观察不同颜色对环境氛围的影响

Step 09
绘制材质

因为想绘制每一个细节，所以第一次画不同的材质很困难，但有时候不需要绘制全部的细节，只需绘制重要的那一部分即可。在绘制之前研究材质是了解如何绘制得更好的办法。例如，如果你在网上搜索天鹅绒的照片，就会发现与大多数面料相反，它高光时看上去比实际的颜色要深。

这一步要使用纹理画笔，它能够更好地画出我想要的织物的感觉。对于金色玻璃，则使用较浅的颜色和反射在表面上的其他对象创建反射光的感觉。这种细节越多，材质看起来就越反光，加一些白点有助于保持表面的光泽感（见图09）。

▲ 使用调整图层

Step 10
加入新想法

在创造一个形象的过程中有新想法很常见，不要把它们丢掉！只要不影响构图，尝试画一种更好的发型、一只脚或采用其他任何方面的解决方案（见图10）。记住，现在是数字绘画，可以在一秒钟内测试一系列解决方案。

我开始不喜欢角色的手，想选

▲ 学会绘制不同的材质表现光泽的表面

"不要害怕新想法——创建新图层去画。"

▲ 不要害怕新想法，不要害怕改变，要不断地尝试和寻找

▲ 细节绘制完毕，使用添加杂色滤镜调整画面

择一个更好的姿势，这对故事线的描述会有积极的影响。创建一个新图层（Ctrl+Shift+N），使用与之前相同的默认的圆画笔快速重绘。贵族女性在酒中滴入毒液更适合这个场景，所以没有使用毒液斟满酒杯表达故事而是使用了滴管。

Step 11
完成纹理绘制

在【图层】面板的底部，单击【创建新的图层或调整图层】图标并选择【色彩平衡】选项。这个步骤用于颜色校正，如在阴影上加一点蓝色，在中间调上加一点紫色，在高光上加一些红色。如果想添加更多的图层效果，可以单击【创建新的图层或调整图层】图标，选择【曲线】选项，调整属性栏下的对角线，看看颜色的变化。

调整完毕，单击【滤镜】>【杂色】>【添加杂色】菜单，设置数量值大约为7%，然后选择【平均分布】选项（见图11）。杂色有助于将画面中的所有元素融合在一起，给人一种万物都处于同一氛围的感觉。这也是电影后期制作中经常使用的一种效果。如图12所示为终稿。

> ✿ **专业提示**
> **尝试新事物**
>
> 数字媒体带来了一个无限可能的全新世界，试着爱上使用它吧。只需单击几下，即可测试一堆颜色的哪几种组合更适合你的画面。如果不喜欢这些颜色，不要害怕改变颜色，因为新的颜色或许能让画面效果变得更加出色。绘画软件通常会占据电脑的很多空间，需要结合很多工具同时使用，不要害怕！即使只用一次，也要尝试使用所有的工具，对软件越了解，使用起来就越得心应手。

▲ 效果图

当史前遇上科幻

学习如何正确使用色彩绘制和改善作品

刘侃（音）

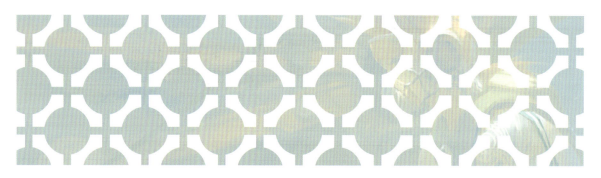

在本例中，我将展示如何创建插画。我将个人项目"星尘"中的角色和基于食肉牛龙重新设计的恐龙结合起来进行创作。在这幅画里只能看到恐龙的头，但真正的食肉牛龙和作品中的食肉牛龙是不一样的。我会一步一步地展示创作过程，按照这个方法你可以创作自己的艺术作品。色彩是这种绘画风格的关键，开始吧！

Step 01
绘制草图

创作时先画草图。正如作家在写一部新作时会把一些想到的关键词做笔记一样，草图也是对艺术家的提醒。我把角色霍克和他的朋友食肉牛龙画在 Photoshop 的图层上。草图的线条可以凌乱，放轻松，不用担心线条是否清晰，只要确保角色姿势正确即可（见图 01a）。检查草图，清理不要的线条，获得清晰的草图（见图 01b）。

▲ 从草图开始，不要紧张　　01a

▲ 清理草图　　01b

Step 02
绘制线稿

用小直径的画笔画线稿，这样可以把线条画得更准确。用笔的关键是使用粗线条画身体或衣服的边界，用细线条画细节。在需要的地方加一些内容可以使画面有更多的细节，看上去效果更好（见图02）。画线要有耐心，慢慢来。

角色霍克身上的文身是这幅画的一个重要元素，放在PSD文件的一个单独图层中。如果把文身和其他细节画在一个图层上，以后修改文身时可能会出现问题。

Step 03
完成线稿

对现阶段的关注很重要，线稿会提供绘画过程中需要的所有关键信息，完成后不要再修改。调整食肉牛龙图层的不透明度，使画面具有层次感（见图03）。

▲ 用粗线条勾勒轮廓，用细线勾勒细节，文身使用单独的图层 02

▲ 注意：这个阶段会决定你的最终画面 03

当史前遇上科幻

▲ 上底色，准备上色　　04a

▲ 锁定透明像素　　04b

Step 04
准备上色

使用不同的中性色填充角色和背景（见图04a），单击【图层】面板上的【锁定透明像素】按钮锁定图层（见图04b）。这可以帮助你使用漫反射颜色（对象被照亮时的颜色）进行绘制，见下一个步骤。

Step 05
绘制漫反射颜色

绘制漫反射颜色填充画面上的"空白"，单击【锁定透明像素】按钮锁定图层（见图05a）。这有助于

▲ 使用低饱和度的颜色，控制好色彩平衡　　05a

你专注上色,不用担心画的时候超出界线。

可以使用 Photoshop 的插件 Coolorus(见图 05b)选择颜色。Coolorus 是一个用来选颜色的色轮。本图中使用的颜色都是低饱和度和低亮度的,这些颜色提供了一个特定的风格,在这个基础上可以实现很多效果。

Step 06
设置灯光

绘制光线。创建两个新图层,一个图层为深灰色,另一个图层为白色。白色的图层放在深灰色图层的下面,擦除深灰色图层中被灯光照亮的位置,在角色上创建高光(见图 06)。

Step 07
绘制阴影

使用拾色器或 Coolorus 色轮将步骤 06 中的深灰色图层的颜色转换为深红色。使用深红色是因为地面为红色,所以环境色也应为红色(见图 07a)。环境影响了阴影的颜色,把阴影也设置为红色。调整阴影图层的不透明度,将图层混合模式更

▲ 使用 Photoshop 的插件 Coolorus 选择颜色　　05b

▲ 擦除深灰色图层中被灯光照亮的位置,创建高光　　06

▲ 环境决定阴影颜色　　07a

▲ 角色身上的光影效果　　07b

改为【正片叠底】(见图07b)。

Step 08
绘制光照效果

　　选一种比较亮的颜色,使用【叠加】模式下的【喷枪】工具绘制光照(见图08a)。使用图08b的Coolorus色轮选择的颜色,不要用太多鲜艳的颜色,那样只会毁了画面。

Step 09
光的细节处理

　　这个步骤中不必绘制所有细节,只需画出角色上显示光照效果的细节。把头发涂成红色是因为霍克是"星尘"世界里的一个很强势的人,红色能够反映这一点。我喜欢先绘制画面中最简单的颜色,所以我先画他的红头发(见图09)。到了这一步,画面的颜色还是有点单调。

Step 10
色彩的关系

　　把霍克衬衫边的颜色改成青色,青色和红色放在一起可以使画面看起来更具互补性。头发可以涂灰色。图10看起来像蓝色,但实际上是低饱和度的红色。注意:灯光和阴影之间的边缘使用高饱和度颜色(见图10)。

　　"光线太强会使画面看起来花哨或不稳定。"

▲ 在【叠加】模式下用喷枪工具绘制灯光　　08a

▲ 光的颜色　　08b

▲ 这个步骤中不必绘制所有细节,只需画出角色上显示光照效果的细节　　09

▲ 微调,让角色融入场景的光影中　　10

Step 11
继续上色

使用不同的颜色画人物的手臂和他的装备、包和破旧的裤子。注意：我限制了照明的位置，不要画不需要光线的地方（见图11）。光线太强会使画面看起来花哨或不稳定，我不喜欢那样！

Step 12
完成角色的上色

这一步的关键是绘制装备上的光源。这是一道蓝光，绘制时要确保它的亮度不能比其他光线照射区域的颜色亮。如果太亮就不再是图像的次要细节的一部分而将成为一

▲ 绘制光影，保持平衡

▲ 添加衣服和装备的细节，完成角色的绘制

▲ 绘制食肉牛龙和地面，注意整体

个主要细节。避免发生这样的情况，装备不是场景中的焦点（见图12）。

"确保角色的身体和装备的轮廓清晰，尤其是在光线下的细节。"

Step 13
绘制其他的地方

现在开始画恐龙。把注意力集中在食肉牛龙与画面的对比度上，不要使用高对比度的颜色，食肉牛龙只是这幅画的背景元素，遵循这条规则有助于使霍克成为场景的主体。在图13中可以看到，我没有使用鲜艳的颜色绘制恐龙。绘制地面和食肉牛龙一样，也不能使用太多鲜艳的颜色。

Step 14
完成上色

完成上色，调整每一个图层的颜色，使画面更亮（见图14）。画到这一步，我通常会停止一天左右的时间不画，站在别人的角度，就像第一次看到这幅画那样，发现需要改进的地方，再去绘制细节。

Step 15
绘制细节

为角色的头部、肩部和身体绘制细节。我把霍克的文身涂成灰色；注意把光线照射的部分涂成浅灰色，阴影部分画成深灰色。确保霍克身体和装备的边界清晰，特别是亮处的细节（见图15）。

Step 16
突出主角

画主角以外的部分时，要控制好画面整体对比度，画面整体对比

▲ 完成上色

度应保持在一个很低的水平,不要给背景的食肉龙画太多的细节,地面也一样,不需要的细节只会破坏空间平衡(见图16)。

Step 17
完成绘制

画了一些小面积的光线来衬托整体效果之后,绘制完成(见图17)。步骤14和步骤17的区别只有细节、颜色、对比度、动作和光影都是在这之前处理的。前期的正确处理让这个阶段对细节的绘制变得更加简单。有时你可能认为在步骤14画面已经完成了,因为你脑海里设想的画面已经出现了,步骤01~14是把画面从你的脑海里搬到Photoshop的过程。画画时,知道你想画什么很重要。

▲ 前期的正确处理让这个步骤变得简单

▲ 保持对比,不要在食肉牛龙和地面上画太多细节

▲ 效果图

场　景

思考如何创建科幻世界场景。

　　创建以角色为中心的作品时，展开丰富的想象可以为角色创建不同的氛围和场景。本章中将介绍六位顶级艺术家如何创建多样化的引人入胜的场景，包括未来城市中的飞行器、森林和水下世界。在接下来的介绍中，你将学习如何把本书中学过的绘画技巧应用于不同的场景绘制，前几个实例可以实践在本书的前几章所学到的关键技术，后几个实例讲授其他艺术家的工作流程，你或许可以从中获得启发，找到适合自己的工作方法和工作流程。

都市

使用透视网格绘制未来的科幻场景

克里斯托弗·巴拉斯卡斯

一个科幻风格的未来城市需要运用准确的透视效果来说服观众，让他们参与主题，从而发挥想象融入画面中。运用好透视效果是艺术家的一项重要的基础技能，建议从网上寻找一些免费的教程和实用的信息进行学习。如果透视效果不对，画面的其他部分（即使画得再好）会受到影响。

> "用简单的方形画笔（适合将要绘制的建筑元素），注意形状和构图之间的关系。"

本例将介绍设置两点透视布局的基础知识，这样的布局是绘制一艘船在空中呼啸而过的大型高科技城市的基础。可以使用空气透视法来传递深度的需要，通过减少对象的对比度和不透明度将其逐渐淡入远处。这种效果的使用决定了作品的远近和意境。

添加细节和有生命的物体，给场景带来故事、生命和角色。令人印象深刻的艺术作品往往只用最少的元素讲故事，留给观众想象的空间。开始吧！

Step 01
绘制草图

把想法画在草图上，每页 9 个左右，不要在意细节，较少的工作量可以更快地产生大量的想法。使用一个简单的方形画笔（适合将要绘制的建筑元素），注意形状和构图之间的关系。使用 4 种不同灰度的灰色和白色背景建立深度感（见图 01）。草图的最后一张适合加一些人物，使用【框选】工具选择并复制这张草图。

Step 02
创建新文档

打印文档的分辨率一般设置为 300dpi，把文档大小设置为 6000×3375 像素，这样可以保留原始草图的纵横比（16∶9）。粘贴步骤 01 中复制的图像，选择【编辑】>【变换】菜单，将粘贴的图像缩放到文档大小（见图 02）。

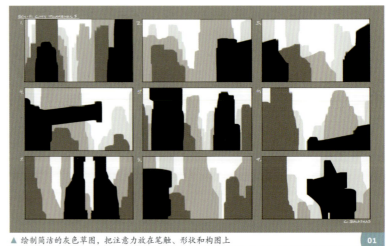

▲ 绘制简洁的灰色草图，把注意力放在笔触、形状和构图上

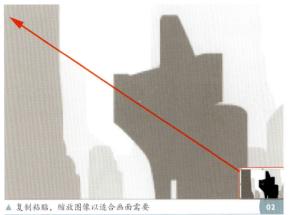
▲ 复制粘贴,缩放图像以适合画面需要　02

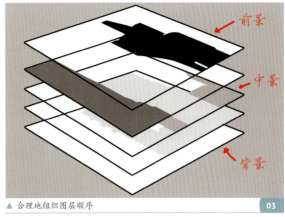
▲ 合理地组织图层顺序　03

Step 03
把不同的元素分层

将图像分层。分层绘制画面中的每个元素或者使用【魔棒】工具选择后再分层。【魔棒】工具是选择工具之一,用来选择相同(或接近)的颜色区域,试试吧!调整工具选项栏的容差数值,确定需要选择的颜色范围的宽度。

使用【魔棒】工具选择元素,按 Ctrl+X 快捷键剪切,然后按 Ctrl+V 快捷键将其粘贴到图层中,前景元素放在图层的顶部,背景元素放在图层的底部。

创建图层,使用白色填充背景,清理每个图层的边缘,去除凌乱的像素,填充剪切和粘贴过程中留下的间隙。分好前景、中景、白色的背景层,为绘制透视网格做准备(见图 03)。

Step 04
设置消失点

设置画面中的地平线,降低地平线可以把视线往上拉,形成大而有趣的场景氛围。把左消失点和右消失点都放在页面之外,避免因页面中的元素太近而造成失真。

不要把消失点放得太远,这样透视会变平并影响体积感,使画面看起来像是通过长焦镜头看到的。两个消失点之间用一个媒介连接,这个媒介的左侧朝着左消失点,右边朝着右消失点(见图 04)。

Step 05
创建网格

任何图形(特别是建筑图)的重点都是透视网格和布局。使用画框外消失点设置透视网格比较简单的方法是创建一个新图层,在地平线上绘制一个点,然后绘制一组相交于消失点的直线(见图 05-1),选择【图层】>【复制图层】菜单复制此层,按 Ctrl+T 快捷键,右击并选择【水平翻转】选项。

使用【移动】工具(V),按住 Shift 键用鼠标向右平移翻转后

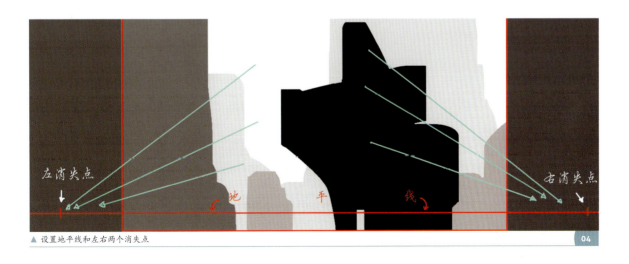
▲ 设置地平线和左右两个消失点　04

的消失点,直到它接近图像的右边框(见图05-2)。按Ctrl+E快捷键将这两个图层合并为一个图层,按Ctrl+T快捷键,然后按住Alt键用鼠标拖动自由变换框的边缘,直到两个消失点都超出画框(见图05-3),调整结束后按回车键,完成画面的透视设置(见图05-4)。

"在这一阶段画得准确可以省去后面的很多麻烦。"

根据需要在网格中添加多条直线,线条越多,绘制的透视图越准确。这个操作很基础,但也很复杂。在这一阶段画得准确可以为后面的绘制省去很多麻烦。

Step 06
绘制清晰的轮廓线

将透视网格图层的不透明度降低到40%,这样在绘制时不会分散注意力。根据网格优化建筑的轮廓,使用画笔绘制或使用【橡皮擦】工具擦除,以获得足够清晰的画面。

确保画面中的各种形状(圆形、正方形等)都有清晰的轮廓线,防止所有的建筑风格变得相似(见图06)。思考如何把画面和轮廓线画得更干净。

Step 07
添加飞船

使用透视线和基本的画笔(不设置不透明度)快速地画出飞船的轮廓,将飞船(以及所有相关元素)放在一个足以吸引视线的位置。这个过程要把注意力放在前两艘飞船上,第三艘飞船使用浅灰色填充,

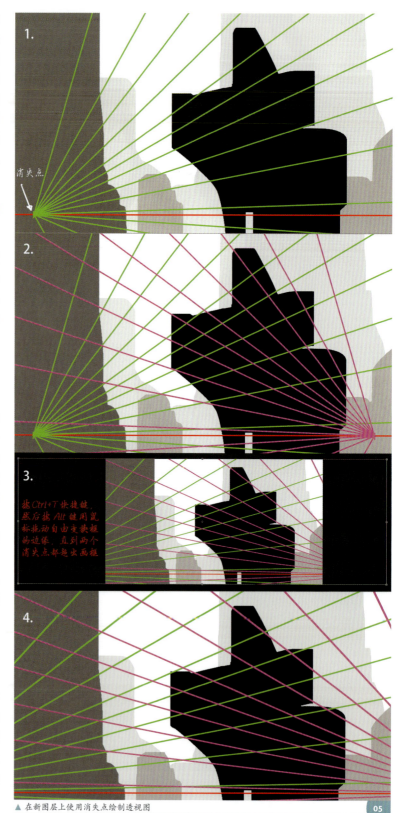

▲ 在新图层上使用消失点绘制透视图

不需要太多细节。每艘飞船都使用单独的图层，在每艘飞船图层上都创建一个新图层，在新图层和飞船图层之间按住 Alt 键单击，为每艘飞船创建一个剪切蒙版，便于在绘制高光和定形的过程中不画出轮廓线。

想象画面中的光是从上方发出的，用柔边圆喷枪在有光线的地方涂上白色，用较小的硬边圆画笔画一些细节。这个技巧在概念绘画中经常使用，能快速创建剪影。简单地说就是：在形状图层上创建一个剪切蒙版，在新图层上画高光，擦出阴影和细节，根据需要重复这个操作，如图 07 所示。

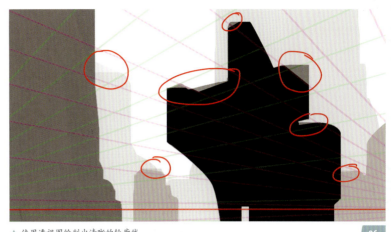

▲ 使用透视图绘制出清晰的轮廓线　　06

直接绘制更符合你的风格，但只有不断地练习才能找到最适合自己的方法。用柔边圆画笔、橡皮擦或者小的硬边画笔画飞船的轮廓细节，直到你对每艘飞船的线条和细节感到满意为止（见图 08）。在剪

✲ 专业提示
做个探险家

不断尝试新事物！不断尝试各种设置、图层模式、新画笔等。我在绘画中的许多"重大发现"都是这样产生的，特别是在我很少使用的一些工具上。发现一种新的绘画技巧通常都是因为不懂和尝试。

Step 08
绘制整体氛围

创建剪影不是唯一的绘制方法（也不是我经常使用的方法），对于初学者来说这比较简单。虽然或许

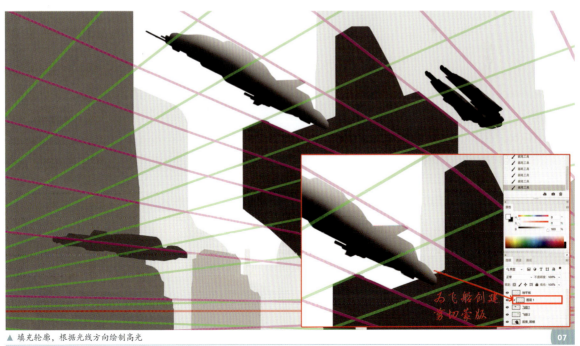

▲ 填充轮廓，根据光线方向绘制高光　　07

都市　147

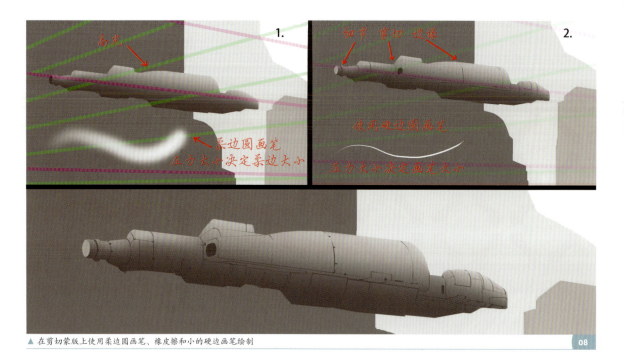

▲ 在剪切蒙版上使用柔边圆画笔、橡皮擦和小的硬边画笔绘制

切蒙版中添加细节并随时使用透视图校正，调整完成后选择剪切蒙版和飞船图层按 Ctrl+E 快捷键合并图层。

Step 09
确定形状

以透视网格线条为指导，用更多的剪切蒙版来定义飞船的形状。使用深色和浅色的图层（注意不要丢失下面的线），各部分图形间应该一眼就能分开，同时具有深度和复杂性（见图09）。

通过向曲面的边缘添加轻微的反射高光，飞船在这里显得更加自然。在这幅作品中，我使用间接天光，所以大部分阴影相对柔和，不规则形状的涂抹工具有助于将硬阴影淡入软阴影中。在三艘船上重复此步骤和上一步骤，直到满意为止。慢工出细活，想想光线是如何落在物体上的，就会画得越来越好。

Step 10
绘制塔楼

在场景中加入其他的建筑物，用绘制飞船的方法，可以用渐变，但不要用大喷枪。添加一个新图层作为剪影图层的剪切蒙版，使用【渐变】工具创建从浅灰色平滑过渡到深灰色的渐变，创建基本的光感。

再次使用透视网格，使用带有渐变的剪切蒙版擦除不需要的线条和色块，或者在上面的图层中使用黑色进行绘制。这个形状很特别，经过不断地尝试，有了基本形。使用带有渐变的剪切蒙版创建自然光，大形状确定之后可以合并图层（见图10）。

观察真实世界的光并运用到作品中，使科幻的场景变得更加可信。添加另一个剪切蒙版进一步刻画，合理运用光影，向下合并，不断重复直到完成。整体造型确定之后接下来要解决光影问题。这是一个可以不断重复使用的过程，用于刻画每一个部分。

Step 11
绘制中景和背景

前景绘制基本完成，开始绘制场景中的其他建筑物。用同样的绘制方法，但不用把元素画得那么复杂，对比区分开前景、中景、背景，刻画重点在形式而不是细节上。中景和背景需要一定的元素，但太多的细节只会分散观众的注意力。

确保暗面的颜色不要偏离基本色，同时区分结构。使用100%的黑色和100%的白色，在带有渐变的剪切蒙版上方的图层上画线（不擦除），图层的不透明度设置为25%。记住：光会被困住在凸角处，然后反射到相邻的面上。这适用于间接的、柔和的和漫反射光（阴影相对柔和，反射较少），太阳或灯等直接光（阴影分明，反射较多），如图11所示。

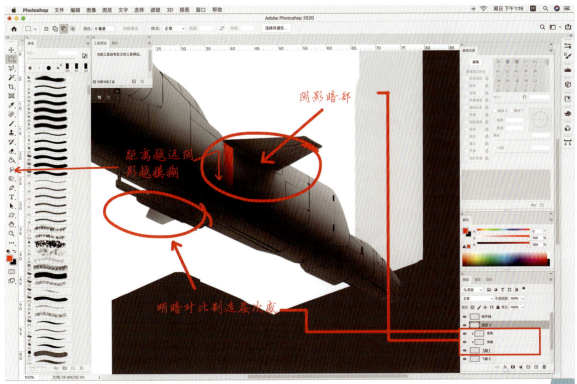

▲ 使用深色、浅色和涂抹工具在剪切蒙版上绘制

Step 12
绘制窗户和细节

让观众知道场景大小的方法之一是添加相关的元素，如左侧的建筑物中可以添加一些窗户。创建一个新文档（大小设置为1000像素×1000像素），使用方形画笔在新图层上创建一个矩形。

切换到【移动】工具，按住Alt+Shift键的同时单击并拖曳图层复制此图层，按住Shift键会限制上下移动和左右移动，移动图层到左边，向下合并图层。重复直到一排窗户出现。熟悉的物体为观众提供了大小和距离的提示，窗口越小，结构的比例就越大。重复复制和合并的过程，直到有足够多的窗口。将图层复制并粘贴到场景中，使用【编辑】>【变换】（按住Ctrl+T快捷键右击），选择【透视】选项，使用透视网格调整后再与建

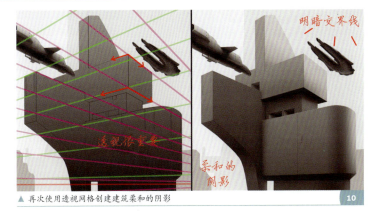

▲ 再次使用透视网格创建建筑柔和的阴影

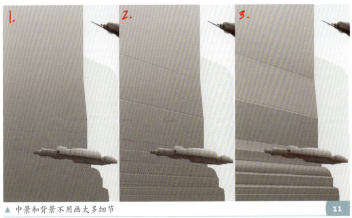

▲ 中景和背景不用画太多细节

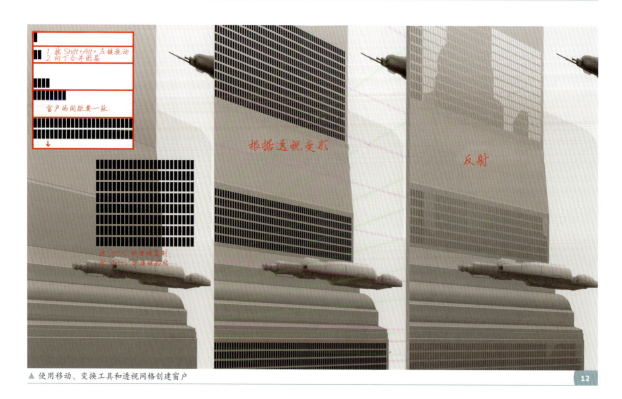

▲ 使用移动、变换工具和透视网格创建窗户

筑剪影图层合并（见图12）。在另一个剪切蒙版上绘制天际线的简单反射。其余建筑可以用同样的方法绘制。

Step 13
背景和天空

保持灰度在这个过程中很重要，如果黑白的效果看起来很好，那么上色就很简单了。相比彩色，黑白更容易发现和解决问题。用【渐变】工具创建渐变，使用一个比较亮的颜色和一个较小的硬边圆画笔画出细节。不要太暗，不用太多细节，这样建筑看起来会比其他的要远得多（见图13）。记住：用空气透视法，当物体离你越来越远时，会变得更轻，失去对比度，饱和度也会降低，颜

色也会倾向于向天空的主导颜色转移。

使用白线画外面的转角，中灰色画凹的地方，这样当刻画阴影和灯光时可以很容易记住对象的平面是如何旋转的。

用同样的绘制方法，但不要画太多的细节，以免分散观众对前景的注意力。

我使用定制的云画笔画明亮的天空，左边深色过渡到右边浅色。

> ❉ **专业提示**
> **养成经常保存的好习惯**
>
> 经常保存是个好习惯。尽管新版本的Photoshop能在崩溃后自动保存和恢复文件，但有时会丢失崩溃前10分钟的绘制内容。为了安全起见，经常按Ctrl+S快捷键。用合理的名称保存文件，否则，祝你能找到凌晨3点昏昏欲睡时命名为"asdfhjk；l.psd"的文件！

Step 14
细化塔楼

塔楼的结构参照了20世纪50年代美国的古奇风格，有着明显的复古感。在华丽的都市上方创建一个破旧的餐厅或修理站对比会很强烈（新世界与旧世界），也很有意思，所以我开始搜索那段时期的建筑和色彩方案。

从这些设计出发，加入细节和元素，使画面看起来别有风味。大的舷窗放在这里似乎不错，用硬

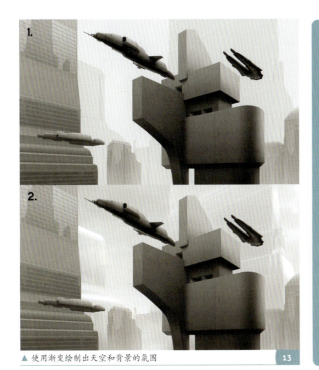

▲ 使用渐变绘制出天空和背景的氛围

专业提示
创建自定义画笔

使用简单的黑白图像创建自定义画笔。打开新建的图像，单击【编辑】>【定义画笔设置】菜单，在弹出的窗口中命名新画笔，命名完毕就可以使用了。查看画笔，新画笔一般放置在列表的底部。

新的画笔可以当作印章使用，但并不好用。选择【画笔】工具，单击【转换"画笔设置"面板】图标，在弹出的窗口中向下滚动列表，找到新画笔，设置画笔的笔尖形状，并改变其间距和角度，使画笔更好用。

调整列表中的其他选项，设置更好用的自定义画笔。试试吧！

边圆画笔画一些简单的圆，使用【变换】把它们放在正确的透视图上，加一些简单的反射。在网上搜索一些有用的字体，如霓虹灯字体。我设计了一些可以做记号的文字工具，选择【文字】>【删格化文字图层】菜单，在透视网格中使用【变换】>【透视】或【变换】>【扭曲】调整文字图片以适合场景中的透视。细节的加入让场景看起来更有故事性和个性，但不要太多，适当即可（见图14）。

Step 15
上色和调整图层模式

退后一点看画面，背景元素对比度和亮度太低，调整每一层的色阶（Ctrl+L），加深黑色，将中间调向右移动，微调白色，得到合适的对比度和亮度。

调整完对比度，用绘制飞船的方法绘制餐厅，使用图层的叠加模式添加剪切蒙版为餐厅上色，在这里使用20世纪50年代流行的互补色珊瑚粉和海绿色，并使用叠加、柔光和亮光模式。

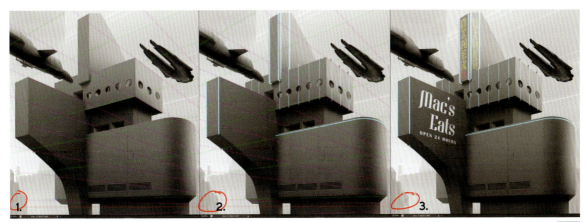

▲ 绘制一些具有特定风格的细节让画面更具个性

"使用不同的图层混合模式，看看对色彩和饱和度有什么影响。在餐厅上添加褪色的尘垢会给人一种'陈旧的'感觉。"

使用不同的图层混合模式，看看对色彩和饱和度有什么影响。在餐厅上添加褪色的尘垢会给人一种"陈旧的"感觉。擦除餐厅的一些颜色，模拟磨损的旧油漆（见图15）。

Step 16
进一步调整

在图层顶部，添加一个新图层，透明度设置为10%，用浅蓝色以颜色加深模式填充图层。这样的设计感觉像日出或日落，画面感会更强。添加色彩平衡调整图层，单击【图层】面板上的【创建新的图层或调整图层】图标，或选择【图层】>【新建调整图层】>【色彩平衡】菜单。在调整图层属性窗口中设置阴影为：-100、-64、+100；中间调：-100、+34、+100；高光：+50、-5、-100。不勾选【保持明度】选项，这样背景中的蓝色天空看上去效果好，光线好的地方也可以加点红色。

接下来使用【颜色减淡】模式下的橙色绘制穿过建筑物的阳光。运用阴影表现场景的结构，在一个新图层中使用黑色绘制角落。更改图层混合模式为【正片叠底】，保持对中心元素的关注（见图16）。

使用调整图层进行调整直到对画面满意为止。但不要过于追求完美，找准方向继续深入刻画。

▲ 使用色阶进行调整

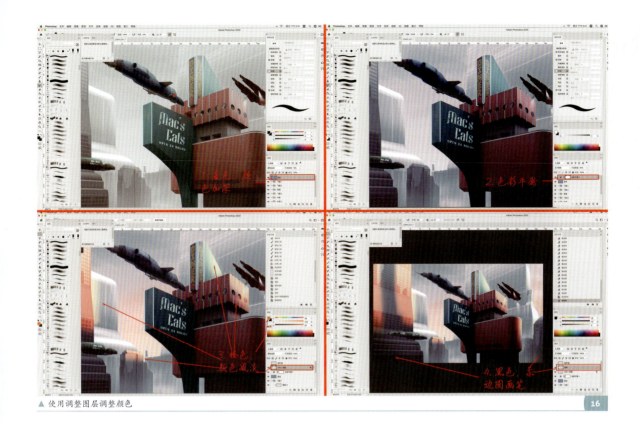

▲ 使用调整图层调整颜色

"不要过于追求完美，找准方向继续深入刻画"

Step 17
完成绘制

最后在新建的【颜色减淡】图层上绘制光线，让餐厅和飞船焕然一新。添加照片滤镜调整图层，属性设置深褐色浓度为25%，使画面看起来偏暖（见图17）。加入细节并避免图像变得拥挤。

科幻场景（或任何艺术类型的场景）都是基于正确的透视，本例中讲授的方法并不是唯一的绘制方法。只有不断尝试，从错误中吸取教训，才能获得适合自己的工作流程，越画越好。

❖ 专业提示

图层组

使用图层组和正确命名的图层是整理图层的一个好方法，这样在图层很多的时候很容易找到特定的图层。

为图层和组指定颜色更易于识别，在【图层】选项卡中右击，然后选择相应的颜色即可。当把源文件交给客户时，这样做也很明智——除非你喜欢接到客户的抱怨电话跟他讨论如何搜索图层。

都市 153

▲ 效果图

外星虹

快速创建神奇的水底世界

奥斯卡·格雷伯恩

我喜欢在作品中结合看上去怪异的色彩和场景。本例的主要内容是绘制一个水底世界，包括想法的产生、实现和完善，如何使用光影、色彩、技巧等。

我也曾是学生，寻找教程、购买艺术类书籍、模仿大师，努力创作出具有个人风格的数字艺术作品。我希望能提供循序渐进的工作流程和技巧让你更好地掌握数字绘画。

艺术家同样需要不断练习和练习。我崇拜很多优秀的艺术家，我努力奋斗，每天学习新知识。我每次画画都试着突破自己的极限，这是最好的提高方法，建议你也这样。希望本例能给你带来新的知识。

▲ 收集参考照片，根据参考照片创建渐变

01

Step 01
开始绘画

绘画时面对空白画布没有任何想法是可怕的，这时候需要查找参考资料和图片，寻找灵感。放松心情能让绘画过程会变得更加容易。寻找灵感是件困难的事，网络上有很多的资源，但不要只局限于设计网站，也许在其他网站上你也可以找到灵感。我喜欢在艺术书籍中寻找灵感，每两周我都会翻看一下我购买的相关书籍。

收集海洋生物的参考照片，使用【吸管】工具吸取颜色，选择【渐变】工具（见第44页）根据这些参考照片中的颜色创建渐变（见图01）。

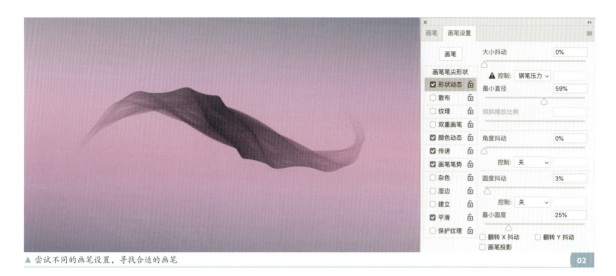

▲ 尝试不同的画笔设置，寻找合适的画笔

Step 02
适应数字绘画

对于经验丰富的专业人士来说不存在适不适应，但对于初学者，熟练地运用数字媒介绘制是需要逾越的障碍之一。建议先学会设置画笔（见图02），使用一段时间后，往往会在不经意间发现一些非常有用的快捷键。

我经常使用两个快捷键：使用【画笔】工具时按住Alt键可以切换为【吸管】工具，这样只需按一个键就可以快速选择画布上的某个颜色并使用该颜色进行绘制。其次，使用快捷键 [（增大画笔直径）和]（减小画笔直径）。快捷键的掌握需要时间，但是掌握后画起来会很快。

Step 03
制造混乱

每当初学者问如何开始绘画时，我建议的第一件事是，使用颜料涂满画布。

如步骤01所述，空白画布很可怕，但填满就不一样了。使用各种不常用的奇怪的颜色和画笔填满画布，甚至可以用照片来拼接和使用滤镜。充分发挥想象力和创造力，数字绘画会让一切变得可能。我花了十分钟在画出的三张草图中选择了一张最喜欢的，不要被时间限制，做想做的事，更不要害怕混乱，调整情绪寻找最适合的色彩。

可以使用任何画笔填充画布，这里推荐一些带纹理的画笔，如云彩画笔、水彩画笔和书法画笔（见图03）。

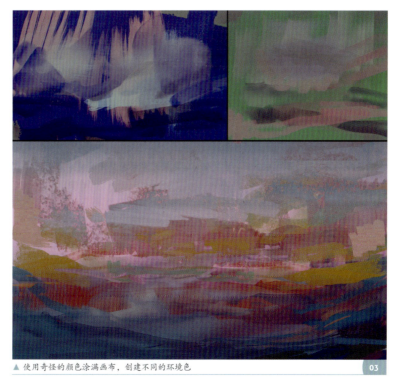

▲ 使用奇怪的颜色涂满画布，创建不同的环境色

▲ 用暗色系和大笔触绘制中景的大致构造

"基本规则是，色彩在背景中越远越不明显。即使在黑暗的场景中，前景也应该黑白分明。背景主要由灰色组成，中景的色彩范围应该在前景与背景之间。"

Step 04
绘制大形

现在画布被涂满了，开始绘制大形。这就好像在云雾中搜寻，但又不是在云雾里，而是在画布上寻找山脉、尖塔、拱门，以及组成梦幻世界的任意形状。接下来在一片混乱的画布上涂色块，使用较深的色块绘制结构作为中景（见图04），当然也可以先画轮廓线。

透视网格是一个非常有用的工具，但这里没有使用透视网格，凭感觉画就好，注意：对于大型复杂的建筑，透视网格是首选。对于初学者来说，使用透视网格可能会限制想象力的发挥。

Step 05
明度范围

检查明度，画面中应包括从白到黑的完整的明度范围。基本规则是，色彩在背景中越远越不明显。即使在黑暗的场景中，前景也应该黑白分明，背景主要由灰色组成，中景应该在前景与背景之间（见图05）。

应当注意的是，当物体到达背景时，往往会变得亮一些，阳光更是如此。这里绘制的是水底世界，但明度范围也是一样的。如果觉得无法控制明度，建议从灰调子开始作画。

Step 06
设置主色调

色彩是画面的主体元素，色

> ✱ **专业提示**
> **明度很重要**
>
> 色彩很重要，明度也一样。在黑白的图层上创建一个【色相/饱和度】调整图层，将【饱和度】设置为100%。绘制过程中可根据喜好，调整调整图层的属性值以获得最佳的视觉效果。我经常使用这个技巧，建议你也这样做。

▲ 确保场景的黑白关系准确　　　　　　　　　　　　　　　　　　　　05

"丰富的色相变化能增加画面的趣味感，这也是我的作品风格的标志之一。"

协调很重要。寻找最适合这个神奇的水底世界的颜色。用蓝色为主色调。画面的主色调只能有一种，但可以加一些辅助色。使用【色阶】和【色彩平衡】调整寻找最适合的色彩（方法见第42~43页）。

建议绘画时使用不同的颜色，不同的色相组合会使画面变得更加有趣，这也是我的作品的风格标志之一。这个场景中色相变化很大，如前景中的岩石的阴影有红色、紫色、蓝色（见图06）。

Step 07
复制画面细节到不需要太多细节的地方

绘制时的技巧之一是利用部分的画面，例如，可以复制画完的部

▲ 在主色调的基础上加入不同的辅助色　　　　　　　　　　　　　　06

外星虹　159

分画面（最好复制有细节的部分），粘贴到不需要太多细节的地方，使用图层混合模式（如【变亮】和【变暗】），合并复制的画面和背景层。这里复制的是左侧画面的宝石区域，粘贴在画面中间的山丘上和较大的岩层上（见图07）。

当然也可以使用以前的个人作品复制粘贴细节。我经常会复制一些以前的没有发表过的画的细节粘贴到新作品里，这个小技巧不仅可以增加细节，更能节省时间。

"如果绘制奇幻又真实的场景，要先弄清楚到底想创造什么样的世界。"

Step 08
调整画面整体效果

如果绘制奇幻又真实的场景，先弄清楚到底想创造什么样的世界。这里画的是外星人的水底世界，需要思考以下几点：

- 光线应该是柔和的、散开的；
- 场景应该让人感到陌生，与地球无关；
- 恰当地使用空气透视法，投射在水中的光线与空气中的光线相比会更加分散；
- 数百万年来一直在水底的岩石应该是光滑的。

列表的目的是为了让画面有整体感。即使是陌生的场景，物理属性和逻辑关系仍然存在。把岩石画圆、画光滑，创作一些游动的生物，

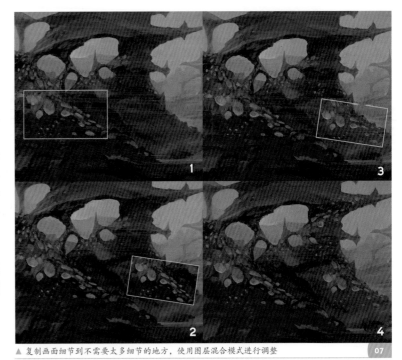

▲ 复制画面细节到不需要太多细节的地方，使用图层混合模式进行调整

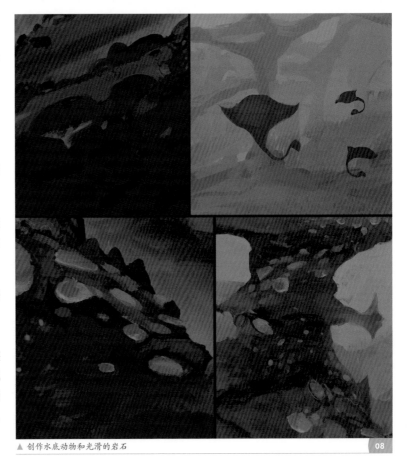

▲ 创作水底动物和光滑的岩石

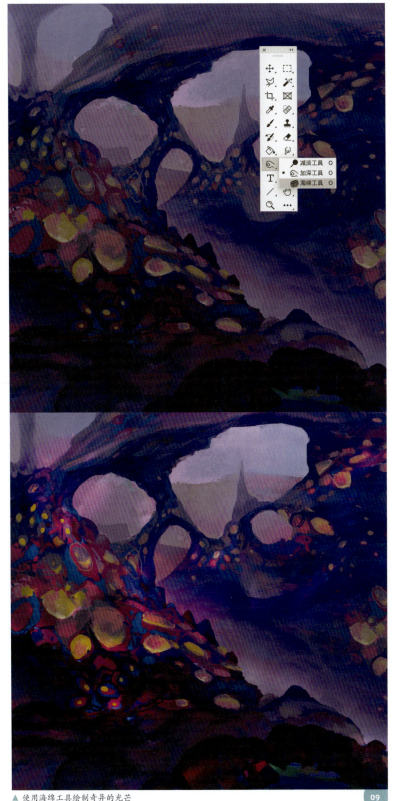

▲ 使用海绵工具绘制奇异的光芒

画面左边的宝石画成椭圆形,因为水流会把岩石变圆(见图08)。

Step 09
把画面变得更潮

我喜欢的 Photoshop 工具之一是【海绵】工具,它可以随意增加色彩的饱和度或去色。在营造诡异的氛围时【海绵】工具很好用,把其流量设置为 20% 左右,根据需要调整饱和度,绘制出宝石的光芒。

用【海绵】工具提亮前景岩石旁的地面,这里的光线不太自然,不知道是真菌、藻类、珊瑚还是其他某种生物发出神秘的光芒。【海绵】工具很好用,但不要使用得过于频繁,这样会使画面看起来不自然(见图09)。

Step 10
付出相应的时间

最后一条建议,绘画就像马拉松,不是短跑,获得成绩的唯一方法就是时间。建议画得慢一点,画准每一笔。这幅画花了两个小时左右,丰富的经验使我画得很快、很轻松。学习阶段应付出更多的时间,建议定期休息一下,这样可以让血液循环恢复正常,恢复视力再重新工作!最终效果如图10所示。

外星虹 **161**

▲ 效果图

太空车

使用环境光绘制科幻场景

约瑟巴·亚历山大

本例循序渐进地展示了如何创建一个既简单又好看的科幻场景。只需几个关键元素和工具，即可用有趣的光线效果塑造出不祥的氛围和逼真的画面。这里使用good画笔–1和good画笔–7演示写实风格的绘画过程。

场景很简单，只有少量的装饰，如科幻世界里的太空车，它是画面的焦点，下面将介绍如何使用光影吸引观众对主要元素的注意。

Step 01
寻找合适的构图

创作出好作品第一步是构图和光线，这一点很重要。我喜欢使用传统媒介，如纸和笔创建没有太多细节的草图。

首先要思考如何用记号笔或其他画笔表达不同的想法，快速地创作出大量的作品。然后，从不同的草图中选择出最适合的场景构图。在画出正确的构图之前，草图的数量不重要，重要的是寻找最适合的构图（见图01）。不要着急，能画多少就画多少。

Step 02
确定画面焦点

找到最合适的构图后，确定画面的焦点，决定背景中细节的位置。确定焦点后可以确定场景的其他主要元素，这些元素将有助于画面构成和营造氛围。

在这张构图中，我把焦点标记为点①，点②和点③作为场景的主要构成，引导观众的视线（见图02）。

▲ 创建草图寻找构图

▲ 确定画面的焦点　　02

▲ 从黑白开始绘制　　03

▲ 使用黑白绘制光影　　04

▲ 使用good画笔-1和good画笔-7上底色　　05

Step 03
从黑白开始绘制

从黑白开始绘制构图，确定场景中的明暗。也可以从彩色开始画，那样会更有意思，但从黑白开始会让过程变得更加简单。

这一步不需要太多细节，只需画出确定的大形和光影。有时候需要调整光影，但这里没必要。这里主要画了3处明暗对比较强烈的阴影（见图03）。

Step 04
黑白定稿

在这个阶段使用黑白色调完成定稿，没有细节，只有明暗和光影。在画面的右侧画一个平行光，使画面中的整体照明和整体氛围看起来效果更好（见图04）。

"在画面的右侧画一个平行光，使画面中的整体照明和整体氛围看起来效果更好。"

我想创建一个太空车离开月球站的场景，可以使用机场的照片参考，细节不重要，重要的是确定光的位置和强度。

Step 05
上底色

开始上底色，深蓝色的选择意味着画面的时间是晚上。不需要使用太多颜色，但要注意画面的光影。

黑白稿已经具备了足够的细节，使用图层混合模式中的【叠加】模式或【正片叠底】模式上底色，画笔可以选择good画笔-1和good画笔-7（见图05）。

Step 06
设置基础光

画面的黑白关系已经确定，使用光影吸引观众对主要元素的注意。在太空车的上方绘制一些能吸引视线的光线。

绘制光线的细节，确定反射光（在物体上完全反射的光）、天光（天空中的光）、阴影（主光照射物体产生的阴影）的位置，找到画面主要元素的明暗交界线。确定主光之后，绘制细节塑造环境氛围。正确的光影结构会让画面看起来更加逼真（见图06）。

Step 07
让画面看起来更干净

分两个步骤绘制细节，清理画面（见图07）。为了便于分阶段处

太空车　165

▲ 主光确定之后绘制反射光、阴影等　06

▲ 绘制细节，清理画面　07

理，我一般先加细节再清理画面。太空车位于画布的中心，也是画面中最重要的元素，需要付出时间和精力去绘制细节。

一步一步地画下去，但不要绘制过多的细节。我个人认为较少的细节可以营造良好的氛围和干净的画面效果，更利于观众的理解。

Step 08
调整天空

随时查看整体以便于及时纠正和处理。现在天空太亮了，可以使用【渐变】工具压暗颜色。画面的焦点不是周围的其他元素，是太空车，继续深入刻画，营造出凉爽的夜晚下郊区的氛围感（见图08）。

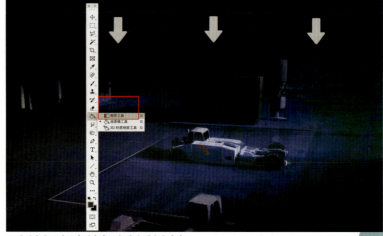
▲ 使用渐变压暗天空的颜色，把焦点引向太空车　08

Step 09
添加细节

画面整体绘制完毕，在背景中添加细节。细节会让画面看起来更加有意思和完整。

从图09中的3个标记点开始绘制细节，标记点①可以添加一个角色，标记点②和③可以添加环境的细节。角色的添加让人感觉画面尺寸和场景的整体比例，环境中细节的添加让画面更加可信，太空车就像是停在月球的空间站里，空间很大但画面上看不到。

Step 10
处理上一步绘制的细节，清理画面

现在处理上一步绘制的细节，并清理画面。循序渐进地工作，在必要时添加或删除一些细节。这一步将决定画面的最终效果和画面的组合方式，要记住画面的焦点只有一个。

太空车是画面的中心点，需要更多细节，停在一个专为空间飞行器设计的停放点。在月球空间站的地面添加细节，然后在不改变主照明的情况下放一些较小的人造灯增加氛围（见图10）。

Step 11
在黑白色调下观察画面

把画面改回黑白色调，查看对比度和明度，检查画面是否过于强调背景元素，是不是太暗。画面背景中的物体太暗则需要调整。

太空车周围的光线太亮，背景中的建筑和其他物体太暗，明暗的

▲ 角色的添加为观众带来真实的场景比例感　09

▲ 处理上一步绘制的细节，清理画面　10

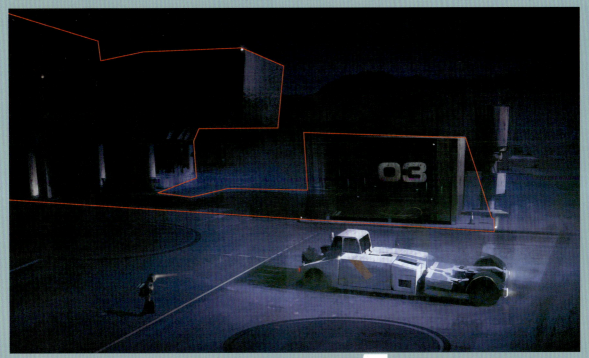
▲ 使用叠加模式的图层和低透明度的画笔调整画面中过于黑暗的区域　11

对比会分散注意力，画的时候需要注意它们之间的距离和关系。使用叠加模式的图层和低透明度的画笔调整画面中过于黑暗的区域，就算它只占画面的10%。效果如图11所示。

**Step 12
最后的处理**

退后一步，仔细地检查画面，看看哪些部分需要改进，需不需要添加更多细节。

休息一下，也可以是一整天。用新的视角去观察画面，这样很容易找出问题所在，如果幸运的话，也许都没有问题！调整太空车周围的光线，在地面添加一些标记作为最后的润色。如图12所示是最终的效果图。

太空车　**167**

▲ 效果图

以树木能量作为能源的发电机

使用照片纹理绘制真实的科幻场景

托马斯·斯图普

本例将创建一个科幻世界中的林地,在这里树木的能量可以作为发电机发电的能源。我将使用一些常用的技巧但不常用的工作流程来帮助你学习创作科幻艺术作品的基本知识。

这个工作流程很简单,先绘制一系列草图,创建画面的主要元素,然后从中选择一个最喜欢的作为构图绘制。

正如之前提到的,我通常不是这样工作的,但这样或许你能从本例中找到一些有价值的东西。

Step 01
快速创建草图

虽然在脑海中已经有了一个大致的概念,但我也不知道画面的最终效果。为了明确想法,明确构图和对比,首先创建不需要细节的若干草图。

把所有的草图放在一张画布上,以便于对比和选择。创建一个新图层,使用【矩形选框】工具(M)和【油漆桶】工具(G)将此图层填充为若干个矩形(使用黑色或其他的任何颜色填充)。激活【锁定透明像素】(见图层面板中图层上方的小棋盘图标),以便在该图层上绘制时,始终保持在有颜色的地方绘制。

"色彩在这一步不重要。重要的是概念,概念是作品的结构。"

使用灰色快速绘制草图,注意保持画面清洁。记住,草图只是用来构图的,并不精致(见图01)。

Step 02
进一步深入刻画草图

在六个粗糙的草图中,我选择了三个比较喜欢的进行深入刻画。草图只使用黑白,色彩可以滞后,重要的是概念,是草图提供的构图和不同的形状。

绘制完草图后,选择出最喜欢的那个把故事传达给观众。图片02中的第三张图让我联想到一个从周围环境中吸收能量的巨大的球状发电机,我决定用它进行深入刻画(见图02)。

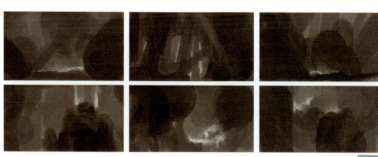
▲ 创建的6个草图 01

"我喜欢使用 3D 软件建模以加快绘制过程,本例使用的是 MODO 软件。"

Step 03
绘制线稿

草图画好了,但画面还是非常抽象。为了让场景更加清晰明确,在新图层上画一个比较清晰的线稿,引导后面的刻画过程(见图 03)。

我喜欢使用 3D 软件建模加快绘制过程,本例使用的是 MODO 软件。创建好模型,然后导入 Photoshop 继续深入刻画。

可以使用任意的 3D 软件制作模型,但对于新手,我建议使用 SketchUp,它是免费的,很容易上手。也可以不使用其他软件,在 Photoshop 中手工绘制这些元素。

Step 04
绘制大形

使用【多边形套索】工具(L)选择对象,用【油漆桶】工具(G)填充选择,分离场景中的不同元素,重复此操作,直到场景中的所有元素都在不同的图层上并具有不同的颜色。使用什么颜色填充不重要,因为下一步操作后就只有形状而没有颜色了(见图 04)。

作为案例,为了让过程变得更加清楚,这里使用明亮的颜色填充场景中的物体。这样做的缺点是,图层太多会让人感到混乱,选择【移动】工具(V),按住 Ctrl 键单击对象以选择该层,可以在众多的图层间任意切换。

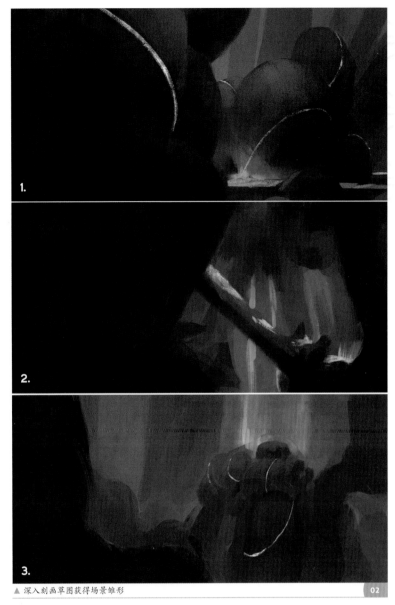
▲ 深入刻画草图获得场景雏形

▲ 使用清晰的线稿确定场景元素

▲ 一个形状使用一个图层

"选择移动工具（V），按住 Ctrl 键单击对象以选择该层，可以在众多的图层间任意切换。"

Step 05
拍照

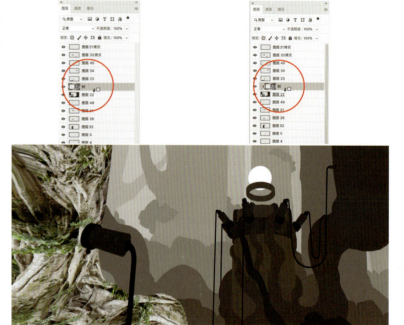

图层设置完毕，可以使用一些照片来增加画面感。在这里将一张树的照片拖到 Photoshop 中，以快速构建一个森林场景。把树放在想用的形状图层的上一层，按住 Alt 键在这两个图层之间单击，创建剪切蒙版，这样树的照片就被包在创建的形状里。

现在照片被创建了剪贴蒙版，单击【编辑】>【自由变换】菜单或按 Ctrl+T 快捷键使用【自由变换】工具来调整照片。本图中使用的是【扭曲】（在变换时右击或单击【编辑】>【变换】>【扭曲】）菜单，这样可以拖动不同的控制点，把对象塑造得更加自然（见图 05）。

使用同一张照片多调整几次填充整个形状，然后继续下一张。重复此步骤直到画布上的纹理看上去更自然，最后画面效果虽然看起来

▲ 使用【剪切蒙版】工具和【扭曲】工具让照片拼接看上去更自然

"图层数量太多会很混乱，可以通过合并图层（选中某个图层，选择【向下合并】菜单）整理。"

Step 06
调整明度

图层数量太多会很混乱，可以通过合并图层（选中某个图层，选择【向下合并】菜单）来整理。整理过程中要确保所有对象仍然保持分离！

在继续之前，给照片图层添加表面模糊效果（【滤镜】>【模糊】>【表面模糊】），去除照片中的噪点和杂色，将【半径】设置为25，【阈值】设置为20。使用纹理画笔去掉一些细节。

改变所有形状的明度，创建空气透视。单击图层下方的半白半黑圆圈图标，在下拉菜单中找到【色阶】调整图层调整明度。就像之前的照片一样，调整图层也可以使用剪切蒙版链接到形状图层。

调整色阶中相应的值，直到对画面的明暗满意为止（参阅第92页）。调整场景中的每个图层，直到对整个画面满意为止（见图06）。

Step 07
上色

到了这里画面看起来有点脏，添加一些其他颜色调整画面。地球的大气层的颜色是蓝色的（假设画面中的场景是在一个类似地球的星球上），所以所有远距离的物体都应该是蓝色的。

添加调整图层。单击图层下方的【创建新的图层或调整图层】图标，选择【色彩平衡】选项，单击图层上方【正常】>【颜色】，将"图层混合模式"设置为【颜色】，画面明度保持不变的情况下更改颜色。

▲ 使用调整图层调整明度

以树木能量作为能源的发电机

场景需要一些穿透树林的光线，添加一个新图层将图层混合模式设置为颜色减淡。在图层上使用普通的纹理画笔和黄棕色绘制阳光，盖住部分照片以区分不同的图层（见图07）。

Step 08
空气透视

从现在的画面看，可以使用空气透视绘制背景。添加一个新图层，把图层混合模式改为【变亮】，在绘制时只有当前颜色比图层上的颜色浅时才会显示当前画的颜色，这样可以很简单地去除蓝色背景层上的黑点。对中景做相同的操作，进一步区分中景和背景。

在不破坏纹理的前提下使画面看起来尽可能地干净，没有噪点。画面的焦点应具有吸引观众注意力的细节。使用【混合器画笔】工具可以在保持纹理的同时绘制噪点，这个画笔可以在【画笔】工具的下拉菜单中找到。按 Shift+B 快捷键可以切换不同的画笔工具。

使用【混合器画笔】工具，把有用的混合画笔组合设置为【干燥】、【深描】，按 Alt 键单击鼠标从画面中采样，用采样点的颜色和纹理绘制（见图08）。

> "高对比度的色彩会立即吸引观众的注意力。记住：过于浓重的色彩只能在需要的地方使用。"

Step 09
发光的球体

现在绘制漂浮在发电机上方的发光球体。它的体积很小，所以把

▲ 使用【色彩平衡】调整图层和图层混合模式调整画面　07

▲ 使用【变亮】图层混合模式和颜色的饱和度区分背景和中景　08

这个层转换成智能对象，右击图层并选择【转换为智能对象】创建智能对象。双击图层打开智能对象，就像它是一个单独的文件一样。智能对象的优点是可以在智能对象中放大图像（【图像】>【图像大小】，或 Ctrl+Alt+I），这样就不必在很小的分辨率下工作，按 Ctrl+S 快捷键将保存智能对象并将更改添加到原始文件。

记住，在智能对象内放大图像时，必须在原始场景中缩小图像。这听起来有点奇怪，但使用一段时间后很容易掌握。

画面主要由蓝色和红色组成，给球体一个高饱和度的青色与场景的其他部分形成对比。高对比度的色彩会立即吸引观众的注意力。记住：过于浓重的色彩只能在需要的地方使用。在这种情况下，把作为电路的树根改为相同的颜色，视为第二焦点（见图09）。

高对比度也可以突出焦点。检查图像对比度的最佳方法是将其改为黑白，选择【视图】>【校样设置】>【自定】菜单，在弹出的窗口中，将"要模拟的设备"设置为"Dot Gain 20%"。现在按 Ctrl+Y 快捷键即可在黑白和彩色之间切换。

▲ 使用智能对象创建发光的球体

Step 10
绘制细节

现在开始润色。画面的右下角有点空，可以添加一些藤蔓。发电机与周围的藤蔓缠在一起，添加一些直射的光线来分开这两个元素。

添加几只栖息在发电机上并绕着发电机飞行的鸟，可以给观众带来更多的视觉效果。绘制一些光线，使用色阶调整图层，让角落变得有点暗，调整色彩平衡，场景就要完成了（见图10）！

Step 11
最后润色

当我完成一部分画面时，我总是复制整个内容（按 Ctrl+A 快捷键选择所有内容，按 Ctrl+Shift+C 快捷键复制文件中可见的所有内容），然后按 Ctrl+V 快捷键将其粘贴到一个新层上。最后，我使用【混合器画笔】工具处理不需要的硬边和噪点。最终效果如图11所示。

▲ 添加小细节让画面变得更加有趣

以树木能量作为能源的发电机 175

▲ 效果图

脏脏的机器人
使用照片纹理快速制作场景细节

巴勃罗·卡皮奥

本例中的科幻场景设定在乡下，讲述一个被遗忘的机器人再次被人类发现。绘制的主要目的是用照片纹理和色彩来创建具有强烈的故事感的画面。这对初学者来说可能有点困难，我将从设计、透视、色彩、灯光等方面讲授一些简单的小技巧，掌握之后你可以把它们用在日后的工作中。

我将讲述如何正确地设定机械，如何创建立体构图，如何使用光线等元素来讲故事，如何寻找有用的参考照片，如何把参考照片运用到画面中，如何使用照片纹理增加工业机械和自然环境的对比。万事开头难，成功的关键是在失败中不断尝试直到取得满意的效果。

Step 01
绘制草图

图 01 中讲述了一个机器人在麦田中迷失的故事，重点是机器人的工业设计与自然环境的对比。我打算用一个简单但引人注目的蜘蛛腿形状作为机器人设定，开始绘制草图。

每张草图的绘制时间最好不超过两分钟，快速寻找脑海中的想法。这不仅是设计过程，更是头脑风暴。绘制了一系列草图之后，我决定把机器人的身体设定为较大的球形，降落时展开四条腿作为支撑。

Step 02
构图

用简洁的草图确定脑海中的形象，开始构图。画面的焦点在哪里，

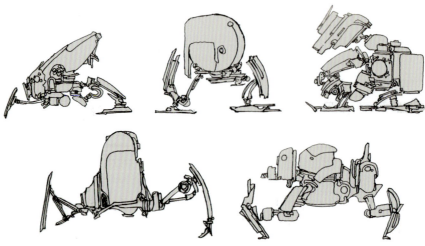

▲ 绘制草图时不要想太多，尽量做到快而简洁

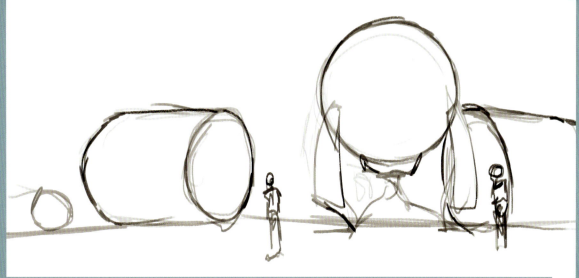

▲ 多想简单的形状，但画面的主角是色彩和光影 02

如何分配其他物体和角色的位置？使用三分构图法平分画面，把焦点放在画面中心的右侧。我喜欢把地平线画得很低，这样场景看起来会更宽更雄伟。我想象的场景是一个废弃了很久的机器人躺在堆满了麦秸垛的麦田，几名联邦调查局（FBI）的调查员站在它的旁边。绘制时记住故事（见图 02）。

Step 03
绘制透视图

把想法画进草图，让草图具有更多的细节（见图 03）。这里使用两点透视，相关软件和插件可以帮助你快速绘制，但建议学会绘画和掌握透视知识，以便在任何情况下都能准确地画出透视图，见第 32~39 页！

透视决定了画面中所有物体的位置。确定好各个物体的位置后，添加细节和清理画面。使用三维模型可以加快绘制过程，但只有掌握绘画的基本原理才能理解三维效果是如何产生的。绘画知识还可以帮助你了解光影、体积和比例等其他重要元素的产生和构成。

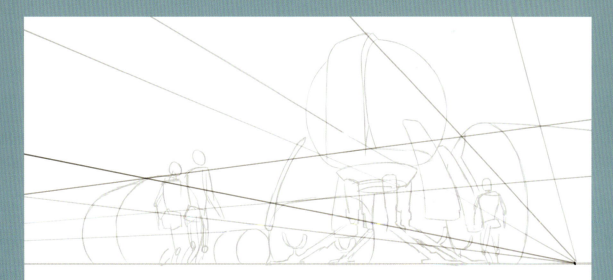

▲ 把物体放进前景和背景，创建深度感 03

脏脏的机器人 179

Step 04
调整色彩和光影

这个步骤确定画面的主色调，绘制起来可能会很难。了解色彩和光影之间的关系很重要。

我想象黎明的光线落在地面，让物体的底部产生阴影。印象中的天空是蓝色的，小麦是某种黄色的，机器人是白色的。但天空的蓝色会影响阴影，黎明时的光线是黄橙色的不是白色的。由于光线因素，尽管大脑认为它在橙色光的影响下是白色的，但机器人的颜色实际上是一种不饱和的橙色。

阴影也一样，现实中不存在完全的黑色。光在地面的反射加上天空的颜色使所有的暗色变成不同的灰色，观察和分析光线以便于更好地运用画面中的光线（见图 04）。

Step 05
调整阴影和体积

这个步骤比上一个步骤简单。设置好颜色和光影后，绘制物体的深度和体积感。把阴影画柔和或者把边缘画模糊来体现光影的变化。

记住：所有的颜色都是混合在光影之间的，光线会在物体表面反射，物体也可以吸收光线。不要用黑色绘制暗色调，更不要使用白色来绘制光线，应该使用适合环境的色彩。例如，使用亮黄色作为机器人被光线照射的区域，使用蓝色和棕色作为阴影（见图 05）。

"不要使用黑色绘制暗色调，更不要使用白色来绘制光线，应该使用适合环境的色彩。"

Step 06
完成天空的绘制

绘制细节时将工作分为三个主要部分：天空、机器人和地面（增加其他角色和细节）。添加一些云的照片纹理（见图 06a），根据场景中光线的方向进行调整。

使用自己拍摄的照片或免版税的照片，避免侵犯版权。

使用照片时一定要考虑光线，加入一个跟画面照明不同的纹理会使整幅作品看起来很奇怪（见第104页的建议：调整图像以适合你的绘画）。创建朝着一个方向缓慢移动的云朵，根据天空的颜色加上光影，云朵中最暗的地方应该与背景颜色接近。

在地平线附近使用渐变增加深度，增加阴影的对比度，营造画面氛围（见图 06b）。擦除照片纹理的部分细节并保持笔触感和背景模糊。

Step 07
绘制机器人的纹理

给机器人添加纹理。正如本例开头所提到的，场景讲述的是一个被遗弃在麦田中间的机器人的故事，机器上布满了锈迹。我决定在机器人上涂鸦，就像这个地区的孩子已经在上面画了好几年一样。

添加不同的锈迹和涂鸦纹理，把图层混合模式改为变暗和正片叠底，使用扭曲调整纹理，使其与机器人相匹配。

这里使用了美国宇航局的飞行

▲ 使用合适的颜色填充物体，注意光影效果　　04

▲ 调整细节，深入刻画光影　　05

▲ 使用照片纹理为天空增加细节　06a

▲ 使用渐变和阴影的对比来增加深度感　06b

脏脏的机器人　181

器照片制作发动机和机械腿。用色阶、色彩平衡和色调调整纹理颜色，让画面看起来更加协调（见图07）。

Step 08
调整麦秸垛和地面

我拍摄了一些圆形的麦秸垛和麦田的照片，调整后用在了画面中。使用照片纹理时，照片纹理的透视、大小、颜色很重要（见图08）。最好使用在多云的天气时拍摄的云彩，因为那样的天气里几乎没有阴影。

使用【扭曲】工具调整选出的

▲ 根据光影和颜色使用不同的纹理和照片　　07

▲ 使用色阶和色彩平衡调整麦秸垛和地面的细节　　08

▲ 使用照片作角色讲述场景故事

照片以适应场景的角度，使用【套索】工具勾画麦秸垛周围的阴影。选择画面中较暗的部分，调整其色阶、色调和色彩平衡。

记住，黑暗的产生是由于缺少光线和色彩，绘制阴影或黑暗的夜景时使用低饱和度的颜色。在调整色阶之前，先降低色彩的饱和度。

Step 09
添加角色和细节

添加角色和细节。我使用符合画面透视的工人照片作为角色（照片来自美国宇航局）。如果找不到合适的照片，可以拍摄家人和朋友！

我想让他们看起来像是联邦调查局的调查员和一个检查机器人的农民。机器人的光影参照麦秸垛光影的制作过程制作。根据画面的色调调整颜色和灯光，使用【套索】工具选择部分阴影调整色调和色阶。机器人周围的边界线可以暗示更多的故事，就像调查员在试图了解机器人之前发生了什么（见图09）。

"我想象中场景的光线是暖色的，这样看上去更像黎明。"

Step 10
颜色校正和细节处理

绘制即将完成，调整细节和色彩平衡。使用【混合器画笔】工具和【涂抹】工具调整各元素边缘，让画面具有传统绘画风格的笔触效果。

我想象中场景的光线是暖色的，这样看上去更像黎明。增加光线中的红色和黄色，在阴影和中间调加入蓝色。

创建新图层，设置图层混合模式为【亮光】模式，在最亮的部分和明暗边界线创建微弱的反射。图10为完成图。

> ✿ **专业提示**
> **思考光影和色彩的逻辑**
>
> 初学者很难画出照片级的作品，绘画时总想着天空是蓝色的，草地是绿色的，太阳是黄色的。但事实上，天空不断地改变着它的色调，草地混合着数百万种棕色、蓝色、绿色和黄色的色调，太阳是自然界中唯一完全白色的点。
>
> 从室外写生开始，理解光影和色彩产生的原理，然后再进行设计和风格的确定。

▲ 效果图

废弃的战争机器

学会使用清晰、有条理的工作流程作画

宋崔（音）

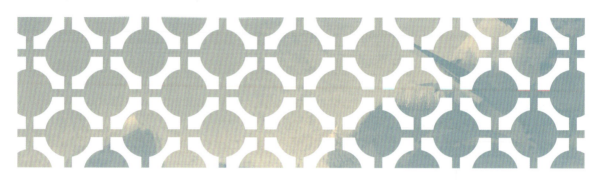

学习新技能或新软件时，画面效果与脑海中的期望不符时往往会很沮丧。任何人都可以使用最基本的 Photoshop 工具，通过简单的步骤和有条理的工作流程，创造出满意的艺术作品。本例将展示如何使用一些简单的方法快速绘制引人注目的构成组合。

创建一个被遗弃很久的军用战争机器被发现时的场景需要一些简单的技巧，使用这些技巧不断地练习，便能快速地获得想要的效果。

Step 01
绘制草图

任何绘画的第一步，都是画一个能够表达故事以及画面中重要元素的构图。我画起来很快，没有花时间完善，但当我再看它时能够明白我画它时的想法。在速写本或任何能画画的东西上绘制草图。我想创建一个场景，展示一群士兵发现一个巨大的老式战争机器躺在山坡上的时刻。我用简单的黑线画出机器的外形和画面的其他主要元素（见图 01）。

Step 02
在轮廓内涂色

基于刚刚创建的草图，在不透明的单独的图层上填充场景中的重点元素。这个阶段很重要，决定画面的组合方式。只使用黑白会让这个步骤变得更加简单。

通过对这些形状的填充，可以看到最有价值的组合和最有意思的对比。山的轮廓保持简单，在机器的胸部添加两个钉子，使之成为构图中最引人注目的元素。保持轮廓简单并控制焦点与场景的对比度，确保画面中的不同元素清晰可辨（见图 02）。

▲ 快速绘制能够表达故事以及画面中重要元素的草图

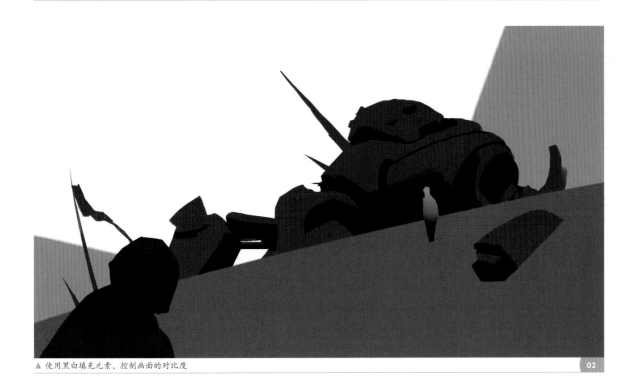

▲ 使用黑白填充元素，控制画面的对比度

Step 03
有效地组织图层

在绘画过程中需保持图层的有序性很重要，可以让你快速地对单独的区域进行调整。把草图放在图层顶部，降低透明度，这样草图就可以引导深入刻画每个元素。

绘制整体时，有效地组织图层很有用。对于这幅画，我把背景中的机器和士兵、大山和小山分别放在不同的图层，如果一个元素在处理过程中出错，其余部分不会被影响（见图03）。

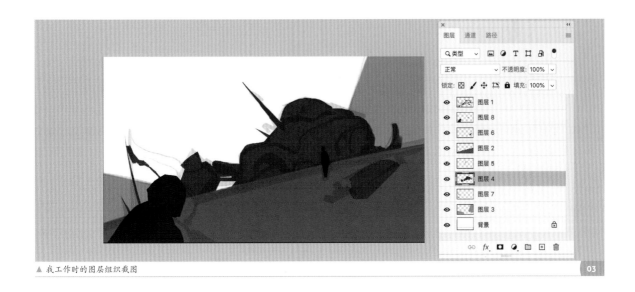

▲ 我工作时的图层组织截图

废弃的战争机器 **187**

Step 04
绘制底色

每个单独的图层都涂上色块后即可上底色。这个场景中的底色是温暖但看上去有点脏的颜色，这个底色感觉很自然，后面的过程会在这个底色的上面使用大地色调和丰富的色彩继续绘制（见图04）。

▲ 暖色调的底色给人颜色很丰富的感觉   04

Step 05
锁定透明像素和创建剪切蒙版

我喜欢使用锁定透明像素和剪切蒙版（见图05）在底色上绘制。锁定透明像素（见图05的红色标记）后可以在不影响或偏离该图层的形状的情况下绘制该图层。此设置会锁定图层透明像素，在不想改变图层中形状时非常有用。

在基础图层的顶部创建剪切蒙版（见图05的绿色标记），有助于在绘制时保持基础图层的形状和透明度。

"阴天的色彩是冷色，这是由天空的冷环境色引起的，阳光下的色彩则应该是强烈的暖色。"

▲ 锁定透明像素和剪切蒙版让你在绘制时不影响图层的形状   05

Step 06
绘制光线

添加能显示场景时间的照明，这里把时间设置为下午，有日光的感觉，因为处于山地，很多形状都在阴影中。

上色应基于对色彩关系的了解。如阴天的色彩是冷色，这是由天空的冷环境色引起的，阳光下的色彩则应该是强烈的暖色。观察真实世界和阅读参考文献可以了解光线是如何影响周围物体的颜色的（见图06）。

▲ 使用冷暖对比暗示日落的方向   06

"保持画面一致性是绘画的重要事情之一。"

Step 07
逐层刻画

逐层刻画更多的细节。重点绘制整体形状，避免过于深入刻画，否则会破坏画面的一致性。

保持画面一致性是绘画时的重要事情之一。如果画面的某个部分比其他部分画得更为详细，无论场景内容画得再多看起来也是未完成的（见图07）。

▲ 绘制时保持画面的一致性

"绘制时检查添加的内容是否与场景的其他部分保持一致。"

已经被遗弃了很长一段时间（见图08）。

Step 08
绘制场景细节

随着画面的深入，我决定在地面上加一些白花。这有助于避免地面上其他元素的颜色重复。选择花朵是因为小元素不会破坏整体构图，但画面会变得更加丰富。在机器周围添加杂草和苔藓，意味着它

Step 09
最终调整

完成众多的细节绘制之后，逐步检查所有元素，进行修改。如果单个元素对画面没有意义，则需要绘制更多细节。退后一步看整幅画面，检查是否有分散注意力的物体。不够完整的地方可以添加一些细节，如背景和天空。绘制时检查添加的内容是否与场景的其他部分保持一致。

作为最后一步，在所有图层的顶部创建一个颜色调整图层调整整体氛围。用紫色作为中间调增加日落的氛围。完成！最终效果如图09所示。

▲ 分散的小白花和杂草让画面变得更加丰富，具有故事性

废弃的战争机器

▲ 效果图

佳作赏析

从世界顶级科幻艺术绘画作品中获得启示

　　本节将展示由专业的科幻艺术家创作的一系列令人印象深刻的艺术作品,每一幅作品都附有创作过程,展示从设想到完成的过程。通过分解创作过程的关键步骤,希望你能获得数字绘画创作的启示,绘制出满意的作品。

夜班

简·乌舍尔

决斗

艾·杰雷克·托里贾斯

决斗 199

纳兹卡行动

尼古拉斯·费兰德

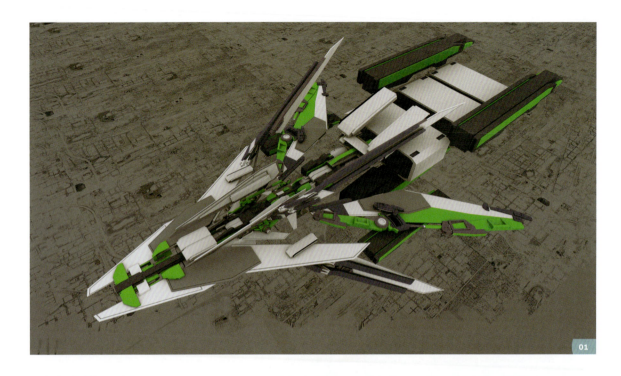

家

朱哈尼·乔基宁

地狱之门

巴斯蒂安·格里维特

01

03

02

04

离开

朱哈尼·乔基宁

01

03

术语表

调整图层
调整图层可以在不改变任何图层的情况下影响其下的所有图层（删除调整图层后它对其他图层的影响也随之消失）。

环境光遮蔽
在物体和物体相交或靠近的时候遮挡周围漫反射光线的效果，可以看作是场景中个物体阴影的虚化。

空气透视
大气及空气介质（雨、雪、烟、雾、尘土、水气等）的因素使人们看到近处的景物比远处的景物浓重、色彩饱满、清晰度高等的视觉现象。

图层混合模式
Photoshop中的图层选项，改变图层混合模式可以改变它与下面图层交互的方式。

反射光
光线照射到物体表面时物体反射出来的光，反射的颜色由周围的元素或环境决定。

投影
当光线直射到物体上时，由于后面有其他物体遮挡，产生投影，物体高度、与光源的距离和光源高度影响阴影的大小。

剪切蒙版
剪切蒙版可以附加到其下面的层，下面图层的透明部分将成为剪切蒙版的蒙版。

斑驳的灯光
光源被多个元素阻挡而产生的一种效果，在物体表面上产生斑点状的不规则的照明图案。

景深
画面焦点前后的范围内所呈现的清晰图像的距离，这一前一后的范围称为景深。

平行光
来自特定光源的强烈而明显的光，如太阳的自然光，或者是汽车前灯和火炬之类的合成光。

辅助光
次光源，用于降低主光源和主光源产生的阴影的对比度。

锁定透明像素
只能在当前图层有内容的地方进行绘制，透明区域保持锁定。

负空间
画面焦点和周围物体之间的空间。

不透明度
在Photoshop中，设置不透明度可以减少或增加画笔、图层或调整图层的强度和效果。

照片拼接
在数字绘画中使用照片，无论使用的是照片中的物体纹理还是从照片中裁剪元素作为绘画的一部分。

轮廓光（背光）
光源位于物体背后，产生逆光效果。

三分构图法
画面分为9个相等的方框，把物体放在最中间方框的角上以创建平衡和有趣的构图。

镜面高光
光线照在有光泽或潮湿的物体上产生的效果，反射的光线是明亮的，有着清晰的边缘（就像在别人的眼中看到的高光）。

次表面散射
当光线穿过半透明物体的表面时，透光反射到物体表面各方向使物体表面看起来就像在发光一样。

色彩

色相
可识别的颜色（如红色、绿色、蓝色）。

饱和度
色彩的强度（持续降低色彩饱和度，色彩将变成灰色）。

明度
颜色的明暗程度。

概念绘画艺术家

贾斯汀·阿尔伯斯
Justin Albers
概念艺术家

约瑟巴·亚历山大
Joseba Alexander
概念艺术家

克里斯托弗·巴拉斯卡斯
Christopher Balaskas
概念艺术家和插画家

巴勃罗·卡皮奥
Pablo Carpio
自由概念艺术家

宋崔（音）
Sung Choi
概念艺术家

玛尔塔·达利格
Marta Dahlig
自由插画师和概念设计师

安娜·迪特曼
Anna Dittmann
插画家

卡罗琳·加里巴
Caroline Gariba
自由插画师

奥斯卡·格雷伯恩
Oscar Gregeborn
自由概念艺术家

帕维尔·科洛梅耶茨
Pavel Kolomeyets
自由艺术家

刘侃（音）
Kan Liu
插画师和自由艺术家

马库斯·洛瓦迪纳
Markus Lovadina
高级概念艺术家

埃弗拉姆·梅西尔
Efflam Mercier
概念设计师和插画师

维克多·莫斯奎拉
Victor Mosquera
概念艺术家和插画师

西纳·帕克扎德·卡斯拉
Sina Pakzad Kasra
概念艺术家和插画师

克里斯托夫·彼得斯
Christoph Peters
自由概念艺术家

桑德拉·波萨达
Sandra Posada
数字艺术家

乔纳森·鲍威尔
Jonathan Powell
概念艺术家

布拉姆·塞尔斯
Bram Sels
自由插画师和视觉发展艺术家

托马斯·斯图普
Thomas Stoop
自由概念艺术家

詹姆斯·沃尔夫·斯特雷尔
James Wolf Strehle
概念艺术家和插图画家

纳乔·亚圭
Nacho Yagüe
多伦多育碧概念艺术家

温迪·尹
Wendy Yoon
自由概念艺术家和插画师